シリーズ 基礎から学ぶスイッチング電源回路とその応用

第 ④ 巻

基礎から学ぶ コンバータ回路における EMI 対策

工学博士 谷口 研二 【著】

コロナ社

「音」を理解するための教科書

教 科 書

― 「音」は面白い：人と音とのインタラクション
から見た音響・音声処理工学―

博士（学術） 米村　俊一 著

コロナ社

ま　え　が　き

　現代社会では，例えば，携帯電話やスマートフォン，携帯型音楽プレーヤー，スマートスピーカーやホームシアターシステム等々，実に多くの音響機器や音響・音声サービスが提供されており，それらはわれわれの日常生活に多くの楽しみや利便性を与えてくれます。普段，街を歩いていても，電車やバスなどの公共交通機関を利用していても，多く見かけるのは，携帯端末をもち歩き，耳にはヘッドホンやイヤホンを装着してさまざまなマルチメディアコンテンツを楽しんでいる人たちです。しかし，その一方では，例えば電車内でのヘッドホンからの音漏れが原因のトラブル，ヘッドホンを装着したまま道路を歩行していて車の接近に気が付かない危険，あるいはヘッドホンを大音量で長時間使用することが引き起こす若年層の難聴問題など，人間の限界や聴覚の特徴を理解しないまま機器やサービスを利用することが原因で，それまでには発生しなかったような新たな問題も起こっています。今後も，さらに多くの便利で楽しい音響・音声サービスがどんどん開発されていくことと思いますが，従来にも増して人間の聴覚に関する特徴や限界を考慮に入れたやさしい音響・音声処理技術が求められていくことでしょう。そのような「人間にやさしい技術」を開発していくためには，まずは人間自身のことをよく知らなければなりません。

　本書は，「音」の不思議さや面白さ，また「音」に関わる技術の面白さについて，より多くの人に知っていただきたいという思いで執筆した初学者向けの教科書です。著者の専門は CMC（computer mediated communication）という分野で，コンピュータ技術を使って人と人とのコミュニケーションを支援する研究を行っています。音は，人間がコミュニケーションを行う上では欠かせないものであり，われわれの生存を根底で支える重要な基盤です。われわれは「音」というメディアを，日々，何気なく使用していますが，実は，われわれ

自身が特段の意識をすることもなく非常に高度な情報処理を行っているのです。このような情報処理をコンピュータにやらせようとすると，非常に高度な技術が要求されます。それどころか，コンピュータは未だに人間の適応能力には追い付いていない場合が多いのです。

　本書では，「音」の不思議さや面白さ，また「音」に関わる技術の面白さについて，人と音との相互作用（interaction）という観点から解説します。音響・音声処理に関する個別の技術について詳細に述べるのではなく，音とはわれわれにとってどのようなメディアなのか，われわれは音をどのように発しどのように聴いているのか，について述べます。その上で，われわれにとって身近な音響・音声処理技術について，予備的な知識がなくても理解できるよう，できるだけ平易に概説しました。

　本書の構成は，前半において音の面白さ，われわれが音を捉えるときに意識することなく使っている高度な知覚・認知機能について述べます。そもそも音が聴こえることにはどんなメリットがあるのか，音が聴こえなくなったらどのように困るのか，音が聴こえる仕組みとはどのようなものか，われわれの脳は音という信号をどのように扱っているのか。また，われわれはどのように声という音を発するのか，どのようにして言葉を獲得するのかについて述べます。われわれがリズムやメロディなどの音楽をどのように認知しているのかについても述べます。後半では，われわれにとって身近な音響・音声処理技術について概説します。音をどうやって記録・再生するのか，人間の声を遠隔地にどうやって伝達するのか，コンピュータに人間の声を理解させたり話をさせたりするにはどうすればよいのか。最後に，音響の応用技術についても触れます。

　本書を通じて，音に興味をもっていただくと同時に人間に備わっている素晴らしい能力についても知っていただきたいと思います。われわれが音を「聴く」ことの不思議さ，面白さ，大切さを理解し，安全で楽しい音響機器・サービスを考えるためのヒントとして本書を活用してください。

2020 年 12 月

米村　俊一

目　　　次

1.　人間はどうやって音を獲得したのか？

2.　音が聴こえないとどのように困るのか？

3.　そもそも「音」とはなにか？

4.　われわれは音をどのように聴いているのか？

5.　耳から受け取った音を脳はどう処理するのか？

6.　人間はどうやって言葉を発するのか？

7.　人間は音楽をどうやって認知しているのか？

8.　音はどうすれば記録・再生できるのか？

9.　コンピュータで音を扱うディジタルオーディオとは？

10.　遠隔地に音声をどうやって伝送するのか？

11.　音声合成/認識はどんな仕組みで動くのか？

12.　音響・音声処理技術はどう活用されているのか？

1

人間はどうやって音を獲得したのか？

1.1　音を聴く能力は生きるための必須機能である

　われわれが日々暮らしている現代社会においては，例えば，携帯電話やスマートフォン，携帯型音楽プレーヤー，スマートスピーカーやホームシアターシステム等々，楽しく便利な音響・音声サービスが提供されています。一方，若年層の難聴問題など，聴覚の特性を理解しないことが原因で新たな問題も起こっています。今後，「人間にやさしい技術」を開発していくためには，まずはわれわれ自身のことをよく知らなければなりません。

1.1.1　人間だけが特別な生き物というわけではない

　現在，高度な文明社会の頂点で輝いて生きているように見える人類ですが，果たして人間は他の生物とは根本的に異なる特別な存在なのでしょうか？ 古代ギリシャ時代から中世までは，「人間だけが神の姿を模して造られた特別な存在であり，宇宙の中心的存在である」という考え方が支配していました。しかし，近世に近づくにつれ，ガリレオ・ガリレイやヨハネス・ケプラー，さらにアイザック・ニュートンといった科学者が天体観測に基づいて新たな世界像を展開したことをきっかけに，人間だけが特別な存在であるという考え方は否定されるようになりました。

　さらに 1850 年代後半のアルフレッド・ウォレスやチャールズ・ダーウィンによる「人間を含めたすべての生き物はその起源から自然選択を経て現在の姿

にまで進化した」という**自然選択説**によって，人間だけが特別な生き物という
考え方は完全に否定されたといってよいでしょう。この考え方は，現在では科
学的に正しい生き物観として一般的になっており，進化生物学を中心としてさ
まざまな生き物の進化プロセスが科学的に検証されています。

　この自然選択による進化という考え方に従えば，現在，地球上に生息するど
の生き物も，いままでの地球の歴史を経てたまたま存在するのであって，進化
の過程で起こるさまざまな出来事で命のリレーが途切れれば，その生き物はい
ま，この世には存在しないということになります。実際，例えば恐竜など，地
球上で発生したさまざまな出来事に耐え切れず，歴史の中で絶滅していった種
は数多く知られています。現在地球上に存在する生物は，38 億年にわたる命
のリレーを途切れさせることなく，それをつないで生き延びてきたのですか
ら，これはまさに「奇跡」というにふさわしいと思います。

　この章では，われわれがなぜ音を聴くのか，音が聴こえることによってどん
なメリットがあるのかを概観します。各節の記述の中で，「人類」，「人間」，
「生命」，「生物」，「生き物」といった類似する言葉を使います。これらの言葉
はつぎのようなニュアンスを表現するよう使い分けています。

- ・人類 ＝ ヒトという種全体について集合的な意味で用いる。
- ・人間 ＝ ヒトという種に属する不特定の個体の意味で用いる。
- ・生命 ＝ 生きるという活動を現象論的に示す場合に用いる。
- ・生物 ＝ 生命活動を集合的に示す場合に用いる。
- ・生き物 ＝ 生物を個体として示す場合に用いる。

1.1.2　宇宙の誕生から生命の誕生まで 100 億年かかった

　われわれを含む個々の生き物が住む，この地球上の世界ができるまでに起
こった，いくつかの重大な出来事があります。それらの出来事の根源は，いま
から約 138 億年前にたまたま起きたビッグバンによって，われわれが住む宇宙
が形成されたことです。その後，地上に最初の生命が誕生するまでの間に，か
ずかずの重大な出来事が起こってきました。

(1) 天の川銀河（われわれが住む銀河系）の形成：

いまから約 100 億年前にわれわれの銀河は他の小銀河との衝突を経て，現在の複数の "渦巻き腕" をもつ天の川銀河の形になったと考えられています。一見，安定して止まっているように見える宇宙ですが，銀河はいまも刻々と動いており，われわれが住んでいる天の川銀河もいまから 40 億年後にはアンドロメダ銀河（地球から約 250 万光年の距離）と衝突すると予測されています。

(2) 太陽系と地球の形成：

そしていまから約 46 億年前，天の川銀河の星間雲の中に漂っていたガスやチリがたがいの引力で集まり原始太陽系星雲が形成されました。原始太陽系星雲の中では，原始太陽の周りを周回する微惑星（直径数 km）同士が激しく衝突しながら，原始地球を含む複数の原始惑星が形成されました。原始地球も多数の微惑星との衝突を繰り返しながら形成されたため，その表面は高温の溶けたマグマで覆われており生物が存在できる環境ではありませんでした。

(3) 地球上での海の出現：

原始地球の表面を覆っていた高温のマグマは，約 2 億年かけて徐々に冷めてきました。地球表面の温度が急に下がった結果，原始大気の中に多量に含まれていた水蒸気が一気に冷え，すさまじい大雨となって地上に降り注ぎました。年間の雨量が 10 m を超えるような大雨の時代が 1 000 年近くつづいたようです。このようにして，いまから約 44 億年前には地球表面に海が形成されました。

(4) 最初の生命誕生：

われわれの遠い祖先である生命は，いまから約 38 億年前に地球の海の中で誕生したと考えられています。地球上に最初の生命が誕生して以降，生き物たちはそれぞれの命のリレーを経て進化を繰り返し，その歴史的な結果としてわれわれ人間も現代を生きているわけです。世界最古の生物は，西オーストラリアで発見されたストロマトライト層の中で発見されていま

す。

1.1.3 生命とは：細胞をもつ/代謝を行う/自己複製する存在

人間は，決して特別な生物などではなく，他のすべての生物と同じように，宇宙誕生から 100 億年を経る中で偶然に偶然が重なった結果として誕生した，最初の生命を共通の祖とする存在であることを前節で説明しました。では，そもそも生物とはなんなのでしょうか？

生物の定義についてはいまでもさまざまな議論があり，決まっている定説はありません。「生物とはなにか」は，生物に関わる科学分野で熱い議論が戦わされているホットな命題です。本章では，**生物と非生物の違いについてつぎの三つの特徴をもって区別する**こととします。

つまり**生物とは，つぎの三つの特徴を備えている存在**を指します（**図 1.1**）。

(1) 外界と**膜で仕切**られている： 体の中と外が区別されていて，その境界には膜がある，つまり膜に覆われた体（**細胞**）をもつこと。

(2) **代謝**する： 代謝とは細胞内と細胞外で物質のやり取りを行うこと。つまり，生き物であれば外界からエネルギーを取り込み（いわゆる食べる），不要な物質を排出（いわゆる排泄）すること。

(3) **自己複製**する： 自分と同じ細胞を複製すること。自己複製とは自分と同じ構造をもつ細胞のコピーをつくること，つまり子孫をつくるということ。

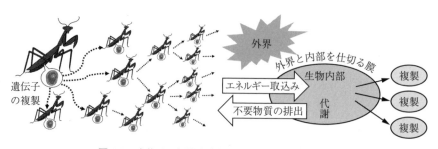

図 1.1 生物は，細胞をもち，代謝し，自己複製する

　つまり生き物とは，なんらかの体（細胞）をもち，外部から物質（エネルギー）を摂取するとともに不要な物質を排出し，子孫を増やす（自分と同じ細胞を複製する）という存在なのです。大雑把にいえば，生き物である以上，① 体があり，② 摂食と排泄を繰り返し，③ 子孫を増やして進化する，という一連の行為から逃れられない宿命を背負っているということです。この宿命は，動物も植物もバクテリア（細菌）もすべての生き物で同じです。動物から見ると，植物の摂食と排泄はわかりにくいかもしれませんが，植物も光と二酸化炭素を外界から取り入れることで光合成を行い，エネルギーを得て生命を維持しています。植物を食べる昆虫が存在する一方，昆虫を食べる食虫植物も存在します。

　われわれ人間も，生命が発生した時点から，自らの体を保ちつつ，食べることと排泄を日々繰り返し，生殖を通じて子孫を増やしながら環境に適応して現在の形にまで進化してきた存在なのです。特に多細胞の大きな生き物であれば，それだけ多くのエネルギーを必要とします。他の生物がもっているエネルギーを丸ごと奪う，つまり捕食（獲物を捕まえて食べる）によって効率的に生命維持しようとしてきたのが生き物の進化です。食べる立場（**捕食**）の生き物が存在する一方，食べられる立場（**被食**）の生き物も存在します。一般的な動物の世界であれば，例えば，菌類を虫が食べる→虫を小型動物が食べる→小型動物を大型（肉食）動物が食べる，といった関係が成立しています。これが，力の強い動物が力の弱い動物を食べる世界，いわゆる**弱肉強食**（ジャングルの法則ともいわれます）の世界です。

　このような捕食（食べる）と被食（食べられる）の連鎖関係を**食物連鎖**と呼んでいます。ところで，読者の皆さんは食べる（捕食）立場と食べられる（被食）立場のどちらかを選んでよいとしたら，どちらの立場を選びますか？　もちろん食べるほう，つまり捕食者の立場を選択すると思います。食べるのはよいが，食べられるのは嫌だ，これはどんな生き物であっても同じでしょう。しかし，前述したとおり「生きる」ためには代謝のためのエネルギー獲得は絶対に欠かせないので，どんな生き物でも，自分は他者から食べられない（襲われ

ない）ように細心の注意を払いながら，食べる相手（もの）を見つけて摂食する，またパートナーを見つけて生殖する，こういった行為を生涯にわたってつづけていきます。そして，この行為を継続できなくなったとき，生き物は死を迎えます。

1.1.4　生き物は感覚を総動員して摂食/攻撃と逃避/生殖を行う

　すべての生き物は，① 体をもち，② 摂食と排泄を繰り返し，③ 子孫を増やす，を生涯にわたって繰り返します。特に動物の場合は，自分より強い捕食者に食べられないよう，つねに細心の注意を払いながら自分より弱い動植物を食べる（および排泄する）ことを生涯にわたって繰り返し，その間，自分の複製をつくって子孫を残すことが目的であることを説明しました。

　イギリスの動物行動学者リチャード・ドーキンス（Clinton Richard Dawkins）は，1976 年の著書「The Selfish Gene（邦題：利己的な遺伝子）」において，個体の体は遺伝子の乗り物であって，われわれの体はこの遺伝子を保存し増やすために，自らの生命を維持し生殖を重ねているのだと述べました。つまり，生き物の個体としての行動は，その体の中にある遺伝子によって支配されているということです。極端にいえば，遺伝子を増やすことができるのであれば，必ずしも特定の個体が生存しつづけなくてもよいことを意味します。

　このように遺伝子を主体と考えることによって，他者のために自らの命を捨てるといった利他的な行動をうまく説明することができます。例えば，メスのカマキリでは，交尾中にオスの頭部を食べてしまうという行動が見られます。オスの頭部には行動を抑制する機能があるので，頭部をなくしたオスの体は生殖行動を止めるのではなく，逆に抑制が外れて生殖能力が増加します。この事態をオス個体の生存という観点で見るとメスに食べられるだけの悲惨な現場ということになりますが，これを遺伝子の保存という観点から見ると生殖（遺伝子を増やす）の成功率を上げてオスの遺伝子を増やすことを意味します。メスにとっても生殖率を上げて自分の遺伝子を増やすのに成功するとともに，オスという栄養源を獲得してつぎの生殖に備えることができます。オスを食べたメ

スは通常の2倍の数の卵を産むという研究報告もあり、メスに食べられてしまったオスとしても、自分の遺伝子を継いだ子孫が繁栄する可能性が高まると解釈できるので少しは気が安まります。まさに、わが子のために自分の命を犠牲にするという美談にもつながりそうな話です。

　人間を含む動物が有するさまざまな能力は、すべてこの生きる行為を円滑に進めるための機能であるといっても過言ではありません。動物は、自らがもつあらゆる能力を総動員して厳しい「ジャングルの法則」の中で固体（自分）の生命を維持しながら子孫を残していきます。動物の場合、この**「生きる」営みを円滑に行うための基本機能が、① 摂食、② 攻撃と逃避、③ 生殖、および①〜③の成功率を上げるための④ 縄張り、および⑤ 群れ行動**です。動物が**もっている視覚、聴覚、嗅覚、触覚、味覚などの各センサは、これら①〜⑤の行動を効果的に遂行する上で非常に有用**であることがわかります。

　つまり、すべての生き物の目的は、自らの体（細胞）を保全しながら子孫（遺伝子）を増やすことであり、その目的を達成するために、視覚、聴覚、嗅覚、触覚、味覚などの各センサ機能をフル活用して、摂食、攻撃と逃避、生殖を行っているといえます。

1.1.5 音は他者を発見するための遠隔センシングで役に立つ

　生き物がもつセンサ機能の中でも特に、**聴覚、視覚、嗅覚は遠隔センシングシステムとして重要な役割**を果たします。つまり、相手（または対象となる物）を離れた場所からセンシングすることで、その状態を推定したり、あるいは情報交換（コミュニケーション）することができます。

　人間が多用する視覚は情報取得の指向性が高いため、最初に対象が所在する場所を大まかに特定した上で、そちらの方角を見なければ情報を得ることができません。一方、聴覚は情報取得の指向性が低く、対象となる音源がどちらの方角にあるのか事前にわからなくても、対象とする音源の所在に気づくことができます。また、聴覚は情報取得のリアルタイム性も高いので、例えば自分を食べようと近づいてくる捕食者を音によっていち早く感知し、襲われる前に安

全に逃避するといった行動につなげることができます。例えば，自分を食べようとする捕食者が後ろからそっと忍び寄ってきた場合，目には見えなくてもその足音などわずかな音情報で察知できれば，食べられてしまう危険から逃避することが可能です。

　また，動物は群れをつくることによって捕食者に対する警戒態勢（みんなで見張る効果）を構築し，捕食者を発見した個体がいち早く警告音を発して仲間に危険を知らせ，群れが一斉に逃避する行動はよく見られます。さらに，繁殖期になると求愛コールを発して交配の相手を効果的に探索するような習性をもつ動物も数多く存在します。このような状況では，求愛コールに対して交配の相手が反応するのと同時に捕食者も反応して近づいてくる可能性が高いため，発声している個体は捕食者が出す音をモニタしながら，かつ交配相手の反応も同時にモニタしてつぎにとるべき行動を決めています。**聴覚は動物にとって，個体や集団の防衛，食料の確保，繁殖の成功など，生きていくための遠隔センシングおよびコミュニケーションで欠かせない必須機能**なのです。

1.2　生き物が聴覚を獲得した進化の過程

1.2.1　聴覚の起源は体の平衡を保ち捕食者の振動を感知するためのセンサ

　われわれは，どのようにして聴覚というすばらしい機能を獲得したのでしょうか。生き物が聴覚を獲得したのは，脊椎動物（背骨がある動物）が発生した時点であると考えられています。生き物の起源は，いまから約38億年前の太古の海の中であり，最初はバクテリアのような単細胞の生物でした。そしていまから約5億4000万年前ごろのカンブリア紀に「**カンブリア紀大爆発**」といわれる生き物の爆発的な進化が起こります。この時代には，現代から見ると奇妙な生き物が数多く誕生したようですが，この時代の生き物はすでに目（視覚）をもっていました。例えば，この時代に生きたアノマロカリスは左右に突き出た二つの複眼（自分の周囲を360°見渡せる）をもち，この目を武器として強大な捕食者となっていました。

一方，聴覚が出現するのは，さらに時代を下っていまから約3億8500万年前ごろに脊椎動物が生まれてからと考えられています。つまり，**聴覚は視覚や嗅覚よりも新しい感覚器（センサ）**なのです。最初の脊椎動物は魚類であり，聴覚の起源は魚が水中で平衡感覚を得るため，および水の振動を感知するための機能でした。特に，大型の魚が近づいてきたときに低周波の振動を感知する機能は，捕食者が自分の周囲に近づいてくる兆候をいち早く知る機能であり，捕食者から身を守る上でたいへん重要です。さらに，高周波の音波を感知することによって，自分よりも小さな餌となる魚の所在を容易に探索できるようになりました。

音の伝搬速度は空気中では秒速約340 m ですが，水中では秒速1500 m に達します。また，水中を伝わる音波は周波数が低いほど伝搬距離が長く，4000 Hz の音の場合には18000 m 先まで伝搬します。例えば，シロナガスクジラの声は20 Hz という低い周波数の鳴き声で，その声ははるか500000 m 先までも届くといわれています。水中で音（聴覚）を使うことがいかに有効であるかがわかります。

魚類は，内耳，鰾（うきぶくろ），側線のそれぞれに水中で音（圧力の変化）を感知する感覚器をもっています。魚類は，このような三つの聴覚機能を備えることによって，たとえ光の届きにくい深い水中であっても，餌の探索と捕食者への警戒を効果的に行えるようになったといえます。

1.2.2 陸棲動物は3億8500万年前に聴覚を獲得した

前節では，太古の海に棲む生き物がどのようにして聴覚という感覚器を獲得したのかについて，また聴覚という感覚器を獲得したメリットについて説明しました。現在，われわれ人類は陸上で生活していますが，陸上に棲む生き物は聴覚器をどのように進化させたのでしょうか。

約5億4000万年前に「目」という感覚器をもつ生物が出現すると，他の個体を捕まえることが容易になり捕食者が急速に進化（カンブリア紀大爆発）を遂げて，一気に弱肉強食の世界が広がったと考えられています。その後，地球

にオゾン層が形成されて地表に降り注ぐ紫外線の量が減ると，それまで海中で過ごしていた生物の一部が陸上での活動に適応できるようになりました。最初に藻類が上陸（約5億年前）して陸上植物となっていきます。次いで甲殻類が上陸（5〜4億年前）して昆虫として進化し，最後に魚類が上陸（3億8500万年前）し，3億年以上を費やして人間へと進化を遂げました。

　表1.1は，われわれ人類が進化する過程で起こった重要な出来事をまとめたものです。どの出来事が欠けても，われわれが存在できない事態につながることがわかります。表で，左欄には出来事が起こった時期，真ん中欄には起こった出来事，右側欄にはこれらの出来事を1年間に換算した日時を元旦から起算して，月/日/時刻として記しました。1年間の出来事に換算することで，さまざまな出来事がどのようなタイミングで起こったのか，直感的に把握しやすいのではないかと思います。事の起こりは138億年前に起こった宇宙の形成，すなわちビッグバンです。表の右欄ではビッグバンを2021年の元旦とし，現時

表1.1　人類進化に関わる重要な出来事

時　　期	人類進化に関わる主要な出来事	1年間に圧縮
138億年前	ビッグバン（宇宙創成）	2021/01/01　00：00
100億年前	天の川銀河系が形成	2021/04/11　12：10
46億年前	太陽系が形成	2021/09/01　08：00
38億年前	生物が発生	2021/09/22　11：49
5億4000万年前	カンブリア紀大爆発 （視覚の獲得）	2021/12/17　17：13
4億8000万年前	陸棲生物が出現（海から陸へ）	2021/12/19　07：18
3億8500万年前	脊椎動物（魚が最初）発生 （聴覚の獲得）	2021/12/21　19：36
600万年前	サルとヒトが分岐	2021/12/31　20：11
250万年前	ヒト属（ホモ属）が出現	2021/12/31　22：24
50万年前	ネアンデルタール人が出現	2021/12/31　23：40
20万年前	ホモサピエンスが出現	2021/12/31　23：52
2020年前	キリスト誕生/西暦開始	2021/12/31　23：59
75年前	世界最初のコンピュータ ENIAC	2021/12/31　23：59
現　　在	2022年元旦	2022/01/01　00：00

点を 2022 年元旦として，138 億年の間に起こった重要な出来事を 2022 年元旦
から振り返ってみるという形で表現しました。

　元旦にビッグバンが起こった後，われわれが住む天の川銀河が形成されたの
はビッグバンから約 3 箇月後の 4 月 11 日 12 時 10 分ごろで，ちょうど学校の
新学期が始まって最初の週の昼休みごろでした。原始太陽と原始地球が形成さ
れるのは 9 月 1 日の朝 8 時で，ちょうど小中学校の夏休み明け初日の朝です。
学校に出かける直前，夏休みの宿題を全部もったか慌ただしく確認している時
間帯かもしれませんね。そして地球で最初の生き物が誕生するのは，夏が終
わって季節が秋に移り変わる辺りの 9 月 22 日，ちょうど秋分の日の午前 11 時
49 分です。

　生き物が「目」という感覚器を得て弱肉強食が始まりカンブリア紀の大爆発
が起こるのは，12 月 17 日の夕方 17 時 13 分です。そして 12 月 19 日の朝 7 時
18 分ごろ，それまで海で生息していた藻類が初めて陸に上がってきます。そ
して 12 月 21 日の夜 7 時 36 分ごろ，聴覚をもつ脊椎動物として魚類が誕生し
ます。翌 12 月 22 日の朝 5 時 7 分ごろ（表 1.1 にはありません）には，この魚
類が陸に上がって陸の脊椎動物に進化します。そして，われわれ人類の遠い祖
先としてサルとヒトが分岐するのは，大晦日の 12 月 31 日夜 8 時 11 分ごろ，
それから約 2 時間経過した 12 月 31 日夜 10 時 24 分ごろ，われわれ人間の遠い
祖先であるヒト属（ホモ属）が生まれます。さらにわれわれの直接の先祖であ
るホモサピエンスがアフリカで生まれるのは，1 年の終わりが間近に迫る 12
月 31 日の夜 11 時 52 分ごろです。

　そして西暦が始まるのは，年明け 5 秒前の 12 月 31 日夜 11 時 59 分 55 秒で
す。現代文明を支える根幹となった世界初のコンピュータ ENIAC が開発され
たのは，12 月 31 日の夜 11 時 59 分 59 秒で年明けの 0.17 秒前です。9 月 22 日
の秋分の日に最初の生物が生まれて以来，さまざまな生き物がこの世界に誕生
しましたが，人類（ホモサピエンス）が生まれたのは年が明ける直前の 12 月
31 日の夜 11 時過ぎです。12 月に入ると人類に関わる出来事が目白押しで発生
して，なんとも忙しい師走でした。表に示すとおり，人類の歴史はまだ浅いこ

とをわれわれ自身が自覚し，850万種ともいわれる生命を生み出した奇跡の惑星「地球」と謙虚に向き合い，これからも地球環境をしっかりと守っていくことが大切でしょう。

　われわれが住む宇宙は，最低でもあと1400億年は存在することが日本のすばる望遠鏡による観測によって明らかにされました。とはいえ，太陽の寿命は残り50億年程度であり，また40億年後には天の川銀河にアンドロメダ銀河が衝突すると予測されています。人類をはじめ，地球で生まれた生き物たちが今後数億年かけてどのように発展していくのか楽しみですね。

1.3　さまざまなメディアを駆使してコミュニケーションを行う生物

　ここまで，摂食と排泄を繰り返しながら自らの子孫を増やして進化する生き物が，聴覚や視覚をどのようにして獲得したのか，また，それら感覚器が生き物の生存にとってどのように役立つのかについて説明してきました。しかし，餌の探索や捕食者からの逃避，さらには生殖のパートナー探しでは聴覚や視覚の他にも化学物質（化学感覚），つまり匂いや味を介するコミュニケーションも行われています。多くの植物や昆虫は化学物質を用いるコミュニケーションを行っています。また，人間の体内でも細胞から**エクソソーム**という化学物質が分泌され，**体中を循環して細胞間のコミュニケーション**が行われています。

　この節では，生き物の多様なコミュニケーションについて概説します。聴覚や視覚以外の感覚器を用いる多様なコミュニケーションを考察することによって，聴覚の特徴がよく理解できるようになることと思います。

1.3.1　バクテリア（細菌）もたがいにコミュニケーションを行っている

　キッチンなどの水まわりを長い間掃除せずに使っていると，流し台の排水口の周りにヌメリが現れます。このヌメリの原因は，水分および食材や油分といった栄養分に集まってきた**細菌（バクテリア）**やカビで，これら微生物が増殖する際に出す粘着物質が集まったものです。このヌメリの中には数億個のバ

クテリアが生息しており，コロニー（集団）をつくって**バイオフィルム**を形成します。われわれ自身の歯に付着しているプラーク（歯垢）も，歯に付着したバクテリアが繁殖してバイオフィルムを形成したものです。実は，このバイオフィルムの中に棲んでいるバクテリアは，たがいにコミュニケーションしながらコロニーの形成を進めることがわかってきました（**図1.2**）。バイオフィルムの中では，複数種のバクテリアが混在してコロニーを形成しています。このコロニーが無秩序な塊として拡張していった場合，コロニー表面付近に棲むバクテリアは水分や養分が得られます。しかしコロニーの中心部に棲むバクテリアには十分な水分や栄養がいきわたらなくなり，やがてコロニーが崩壊してしまいます。

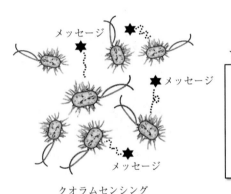

メッセージ

メッセージ

メッセージ

クオラムセンシング
（quorum sensing）

★このキーワードで検索してみよう！

| 細菌はどうやってコミュ
ニケートするのか | 🔍 |

「細菌はどうやってコミュニケートするか」で検索すると，ボニー・バスラー氏のTEDでの講演が見られます。

図1.2　バクテリアも仲間同士でコミュニケーションしている

　そこでバクテリアは，同種のバクテリア同士で，**クオラムセンシング**という化学物質を介するコミュニケーションを頻繁に行い，バクテリア同士の行動をコントロールしています。バクテリアは，このクオラムセンシングを用いて自分の周りにどのくらいの数のバクテリアが存在するのかを認識し，化学物質を放出して情報伝達を行います。さらに驚くべきことに，異種バクテリアに対しては，同種バクテリアで使用するクオラムセンシングとは異なる電気的な信号（カリウムイオンを用いる）を用いて情報伝達を行うというように，マルチリ

ンガルなコミュニケーション手段を備えているのです。

　これは決してキッチンや風呂場の排水口だけの話ではありません。よく「人類の歴史は感染症との戦いである」といわれますが，人間に感染した細菌もまさに宿主（感染された人間）の体内において相互のコミュニケーションに基づいて集団行動を行うことがわかっています。細菌が宿主の体内に入り込むと，すぐに毒性を発揮するわけではなく，ひたすら増殖を繰り返して仲間を増やしていきます。そして細菌同士のコミュニケーションを通じて仲間の数をカウントし，それが一定数を超えたときに細菌たちは一斉に毒性のある攻撃を宿主に加えます。1個の細菌は我々の肉眼では見えないほど小さな存在ですが，何億もの細菌軍団からの一斉攻撃を受けたら宿主はこれに耐えきれず，発病してダウンしてしまうわけです。

　このように，バクテリアはマルチリンガルなコミュニケーション手段を駆使してコロニーを制御し，驚くことに数百パターンもの集団行動を行うことがわかってきました。

1.3.2　植物同士もコミュニケーションを行っている

　自分の周りの外界の状況を音の信号として聴いたり，見たり，匂いを嗅いだりするのは，動物だけの行動ではありません。植物も，聴いたり，見たり，匂いを嗅いだりすることが最近の研究からわかってきました。森の中に生育している草や木は情報ネットワークを形成し，遺伝的に遠い異種の植物の繁殖を妨いだり，あるいは植物を食べにくる植食動物に対して防衛行動をとったりしています（**図 1.3**）。人間から見ると，とても植物がたがいにコミュニケーションしているようには見えないのですが，最近の研究によって植物同士もさまざまなコミュニケーションを行っていることがわかってきました。

　進化生態学者のモニカ・ガリアーノ（Monica Gagliano）の研究グループは，植物が自分のすぐ隣に生えている植物の音を「聴く」ことで，自分の成長を促進させることを明らかにしました。ナス科のトウガラシは，アブラムシなどの害虫に食い荒らされて生育しない場合がありますが，トウガラシと一緒にハー

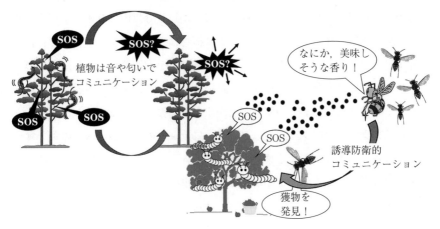

図1.3　植物同士も危機管理コミュニケーションを行っている

ブの一種でアブラムシを遠ざけるバジルを混植（化学物質や光刺激がやり取りできないように黒い箱で遮断する条件）すると，トウガラシを単独で植えるよりも早く発芽し健やかに成長することを発見しました。この結果からガリアーノは，植物は自分の隣の植物の音を「聴いて」自分が置かれた環境を識別し，つぎにとるべき行動に反映していると結論づけました。

1.3.3　植物は動物の音を聴いて自分の振舞いを決める

　テルアビブ大学のリラク・ハダニーは，マツヨイグサが，花粉を媒介するハチの羽の振動を感じ取ってから数分のうちに，花の蜜の糖度を上げることを発見しました。マツヨイグサに，「無音」，「録音したミツバチの羽音（200〜500 Hzにピーク）」，人工的に生成した「低周波音（50〜1 000 Hz）」，「中周波音（3万4 000〜3万5 000 Hz）」，「高周波音（15万8 000〜16万 Hz）」を照射しました。その結果，「無音」条件，「高周波音」条件，「中周波音」条件の花では糖度の変化はありませんでした。ところが，「ミツバチの羽音」条件と，これに類似する「低周波音」条件の花では，音波の照射前には12〜17% だった蜜の糖度が，音波照射から3分以内に20% にまで上昇したことが明らかとなりました。

　またハチの行動から見ると，一度ハチが訪れた花につぎもハチが近づいてく

る確率はそうでない花に比べ，一度目の来訪から6分以内に9倍以上高くなることが野外観察で検証されました。つまり植物は，蜜を甘くすることで花粉を媒介する昆虫をより多く引き寄せて授粉の成功率を高める，つまり，昆虫の音を注意深く聴いて自分の行動をコントロールすることによって生き物の基本的な原理である「自己複製」の確率が上がるように振る舞っているわけです。

　シロイヌナズナ（アブラナ科）がモンシロチョウの幼虫がナズナの葉を食べるときの音，つまり虫による葉の咀嚼音を聴き取り，この幼虫に対抗するために辛味成分を含む油の分泌量を増加させる（虫の攻撃に対する防御反応）ことを，ミズーリ大学のヘイディ・アペル（Heidi Appel）とレックス・コクロフト（Rex Cocroft）が実験で明らかにしました。このシロイヌナズナは，風による振動やナズナに害をもたらさない虫が起こす振動では防御反応を示さないことも確認されました。植物は自己複製および自己防衛のために嗅覚を駆使しますが，驚くべきことに，このようにさらには聴覚や視覚までをも駆使して情報収集およびコミュニケーションを行っていることが明らかとなりました。

1.3.4　植物は敵の敵を誘引するコミュニケーションで自己防衛する

　植物が，自分を食べる害虫による被害から逃れるため，**害虫の種類を識別してその天敵を呼び寄せるという誘導防衛的なコミュニケーションを行う**ことがわかっています。植物は害虫（植食者）による食害を受けると特定の匂い物質を放出しますが，この匂い物質には自分に被害を加えている害虫を殺してくれるような**補食性天敵**を誘引する機能があるのです。植物がどの匂い物質を放出すべきか，害虫の種類によって使い分ける必要がありますが，植物は自分の体をかじっている虫の唾液成分などを識別して，その害虫の天敵を誘引する匂い物質を選んでいます。同時に，この匂いの放出は他の植物にも伝わり，この情報を受け取った植物は例えば毒性のある物質を産生するなど，植食者からの被害を低く抑えるような行動をとります。

　例えば，アブラナ科のキャベツや小松菜などに寄生するコナガ（成虫は10 mm程度の小さなガ）の幼虫は，大きさが5〜10 mmの小さなアオムシです。コナ

ガの幼虫は寄生した野菜を食べて農家に大きな被害をもたらしますが，この虫は薬剤抵抗性があり，農薬で駆除しにくい難防除害虫として知られています。

このコナガには，天敵としてコナガサムライコマユバチという寄生蜂がいます。この蜂のメスはコナガの幼虫（アオムシ）の体内に産卵しますが，生きているアオムシの体内でふ化したコマユバチの幼虫は，宿主である生きたアオムシの体液や体内組織を食べながら育ちます。数日後，アオムシの体内で育ったコマユバチの幼虫はアオムシの体を食い破って外に抜け出し，繭をつくった後に成虫となっていきます。このプロセスは，一見コナガ（アオムシ）とコマユバチの戦いのように見えますが，この背後ではアブラナという植物が黒幕としてこのプロセスを促進していることがわかります。つまり，コナガの被害者である小松菜（アブラナ科）は，コナガ（アオムシ）から食べられるという食害を受けた後，外に向かって放出する匂いの成分をコナガの天敵であるコマユバチにとって魅力的な成分へと変化させ，コマユバチを誘引するのです。

コマユバチからすれば，広い森の中をなんの当てもなくさまよいながら葉の裏に隠れている小さな獲物（宿主）を探すのは，不可能に近いほどたいへんな作業でしょう。しかし，コマユバチにとってみれば，なんだかよい匂いがするのでその匂いをたどっていったら，そこにはなんと獲物であるコナガの幼虫が小松菜の葉を食べているのを発見するのです。つまり，小松菜が獲物のところまでコマユバチをナビゲーションしてくれるというわけです。このナビゲーション信号の強さは，葉が食べられている最中 > 葉が食べられた後 > 葉が食べられる前，という関係であることがわかっています。このような行動を植物の**誘導防衛**といいます。われわれから見れば，静かな森では「モノいわぬ植物」がひっそりとたたずんでいるように思えるのですが，実際には，森の住民である植物や動物が，多様なコミュニケーション戦術を駆使して生命活動を行っていることがわかります。

1.4 生物が見せるコミュニケーションの多様性

1.4.1 動物はさまざまな言葉を用いてコミュニケーションを行う

　言葉を使ってコミュニケーションするのは人間だけではありません。北アメリカの草原地帯に巣穴を掘って家族で生活するプレイリードッグは，かなり複雑な言語でコミュニケーションすることが知られています。プレイリードッグは外敵が現れると警告を発声して仲間に危険を知らせます。この警告音声は，外敵がワシなのかコヨーテなのか，あるいは人間なのかといった違いを識別できるように，発声（警告音声）を使い分けて仲間に伝達されていることがわかっています。さらに，外敵の種だけでなく，体の大小や体型，色なども区別して鳴き声に反映しています。例えば，「大きな－コヨーテ」とか「黒い－ワシ」など，鳴き声の中で単語を組み合わせた文ともいえるメッセージを，20種類以上も表現します。さらに，プレイリードッグが住んでいる地域によって音声表現の差，つまり方言すら存在するようです。

　犬の遠ぼえにも，例えば，一定のトーンを長く伸ばしたり声を震わせながら高低をつけるなどの違いがあり，種によってほえ方の特徴が異なることがわかっています。南部アフリカの内陸部に位置するボツワナ共和国に生息するイヌ科のリカオンは，地球上に6 600頭しか生存していない絶滅の危機に瀕している動物です。リカオンは，主にインパラやクーズーなどのアンテロープを獲物として集団で狩りを行いますが，狩りの成功率は80％に達するアフリカで最も優れたハンターであるといわれています。興味深いことに，リカオンはチームで狩りに出かけるかどうかを，群れの中でどのくらい「くしゃみ」が起きたかによって決めていることが，2017年に明らかになりました（**図1.4**）。

　リカオンにとってのくしゃみは「コミュニケーションの一形態」であり「意思決定を形づくるある種の合図のようなもの」ということになります。リカオンは狩りに出かける前に，興奮したリカオンが数分間にわたって，たがいに頭をぶつけ合ったり，尾を振りながら走り回ったりする「ラリー」と呼ばれる行

図1.4　リカオン（イヌ科）は音声コミュニケーションで意思決定する

動をとりますが，このラリーという集会において，くしゃみの数が多いほど狩りに行く可能性が高いことがわかりました。もしラリーを始めた個体が群れの中でも優位な地位にあるリカオンである場合には，3回程度のくしゃみがあると狩りが開始されますが，ラリーを始めた個体が地位の低いリカオンである場合には，10回くらいのくしゃみがなければ狩は開始されませんでした。

　つまり，リカオンは狩りに出る前の壮行会において，狩りに行くかどうかの合意形成をくしゃみという投票行動の多数決で決めていることになります。しかも，群れの中で地位の高いリカオンが提案者であれば少ない賛同数でも集団行動（狩り）の実施が決定され，提案者が地位の低い者の場合には多数の賛同が必要ということになります。集団の中の偉い人が一声掛ければ周りの取り巻きが賛成するだけですぐに行動が決まるのに，下っ端が提案者の場合には多くのメンバーが賛同してくれないと集団を動かすことができないという，まさに人間社会とよく似た，非常に興味深い発見といえます。

1.4.2　人体内部では臓器同士が直接コミュニケーションを行う

　これまでの常識として，人体内では脳が絶対的な司令塔として体内のさまざまな臓器や器官に指示を与え制御を行うことで，体の各器官が協調して働き，

生命を維持していると思われてきました。ところが最近の研究によれば，われわれの体内にあるさまざまな臓器は脳から指令を受けるのとは別に，たがいにエクソソームというメッセージ物質を介して臓器同士のコミュニケーションを行っていることがわかってきました。例えば，腎臓は体内の水分量やナトリウム/カリウム/マグネシウムといった電解質の濃度を調整して老廃物を排泄するなど，生命を維持する上で欠かせない臓器ですが，腎臓は体内の酸素が不足してくると「酸素が不足しています」というメッセージを体内に向けて発信します。このメッセージを受信した骨は「酸素不足であれば赤血球を増やさなければ」と判断し，骨髄の中にある造血幹細胞の細胞分裂を促進して赤血球を増産します。このようにわれわれの体内では各器官の細胞同士が直接コミュニケーションしながら共同作業を行っているのです。ちょうど，われわれがSNS上でグループをつくり，チャットメッセージを使いながらみんなで共同作業を進めていくのと似ています。

　さらに，われわれの体内で行われている細胞同士のコミュニケーションが，病気と深く関わっていることもわかってきました。特に人類の最大の敵ともいえる病気「ガン」と細胞間コミュニケーションとの関係です。ガン細胞は，発生してから体内で転移を始めると，進行ガンとなって病状は一気に悪化していきます。このガン細胞が転移するとき，ガンは正常な細胞に向けてインターネット上のウイルスメールに相当するような偽りの情報を流すらしいのです。この偽りの情報によって，正常な細胞はガン細胞が転移しやすいように周囲の環境を整え，ガン細胞を攻撃する免疫細胞の働きを抑制し，ガン細胞のために新しい血管を引いてくるなど，ガンの転移を手伝うような異常な働きをします。ガン細胞は，このようにして「偽りのメッセージ」で正常な細胞を変質させることで自分たちに有利な環境をつくり，ガン転移を実行していると考えられます。最近では，このガン細胞のコミュニケーション方法に着目し，ガンを早期に発見して治療するような研究が行われています。

　われわれは，一人の人間（個体）として見れば，聴覚や視覚を用いて外界からの情報を取得し，また他の個体とコミュニケーションしていますが，体内で

は臓器や細胞同士がわれわれの意識とは無関係に相互のコミュニケーションを行いながら生命を維持しているのです。

1.4.3 獲物のコミュニケーションを盗聴して攻撃を仕掛けるウイルス

生き物が命をつないでいくための数々の仕組みには驚かされるばかりですが，バクテリアのコミュニケーションを盗聴し，頃合いを見計らってバクテリアに対する総攻撃を開始するウイルスが 2018 年に発見されました。これを発見したのはプリンストン大学の生物学者ボニー・バスラーと大学院生のジャスティン・シルプでした。コレラ菌に感染する VP882 というウイルスは，コレラ菌同士が交わしているコミュニケーション（クオラムセンシング）を盗聴してコレラ菌の数を推定し，自分たちが感染しようとする獲物（宿主）が周りに十分に存在することを確認してからその宿主であるバクテリア（コレラ菌）を殺す（宿主であるバクテリア（コレラ菌）を溶かしてしまう）行動を発動することがわかりました。

バスラーらはこのウイルスとコレラ菌が混在する環境をつくり，コレラ菌同士のコミュニケーションを阻害してみました。そうすると，ウイルスはコレラ菌を攻撃せず両者は平和に共存することがわかりました。一方，コレラ菌同士がコミュニケーションできる環境にしたところ，ウイルスはコレラ菌を攻撃しコレラ菌は全滅してしまいました。バクテリア同士の会話を盗聴し，頃合いを見計らって全面攻撃を仕掛けるという場面は，まるでスパイ映画さながらといった感じです。ところで，ウイルスは体（細胞）をもち自分の子孫を増やす機能を備えていますが，細胞内外でのエネルギー代謝機能を有しないため，ウイルスを生物と見なすかどうかについてはさまざまな議論があります。

2

音が聴こえないとどのように困るのか？

2.1　音が聴こえないとこんなに困る

　本書の読者は聴覚にこれといった障害をもたず，特に音の不自由を感じることなく日常生活を送っている人が多いと思います。しかし，もし音が聴こえなかったらどんなことが起こるだろうか，と少し想像してみてください。皆さんの中には，通勤や通学で電車などの公共交通機関を利用し，移動中の車内ではヘッドホンを装着して好きな音楽を聴いたり，映像を視聴したり，あるいはゲームで遊んだり，といったことに時間を使っている人も多いことでしょう。そんな中，例えば自分が乗っている電車が急停車したと想像してみてください。

　周囲を見回すと，他の乗客はなにかざわついています。普通の感覚の持ち主であれば，おそらくこの段階でヘッドホンを外し，自分の周囲でなにが起こったのか？/車内アナウンスではなにを告げられたのか？/自分はどんな行動をとればよいのか？など，情報収集に努めるでしょう。しかし，このときもしヘッドホンが外れなかったら（実際にはあり得ませんが），あなたならどうしますか？緊急の情報がとれず，どうしようかと思案している間にも周囲の人が一斉に移動を始めたら？「音」による情報が取得できないあなたは非常に困惑し，大きな不安に駆られることでしょう。この例は日常生活のほんの一場面ですが，これが「聴こえない」ということです。音が聴こえない（あるいは聴こえにくい）ことでどれほど困ることになるのか，是非，読者の皆さんもさまざまな場面を想像してみてください。

2.1.1　聴覚障害者が不便と感じている音

　音が普通に聴こえる人は，日常生活で「音」に関する不便を感じないため，街の中でどのような音が発せられているのか，音がなかったらどんなに困るのか，ほとんどの人は考える機会さえないでしょう。**図2.1**は，**聴覚障害者**（228名に調査）が街の中で発せられているさまざまな音が聴き取れないために不便を感じている状況を，イラストで示したものです[3][†]。この資料は，聴力障害者情報文化センターが1995年9月にまとめた報告書「耳の不自由な人たちが感じている朝起きてから夜寝るまでの不便さ調査」からピックアップしたものです。

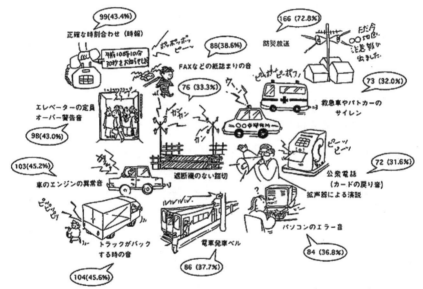

“耳の不自由な人たちが感じている朝起きてから夜寝るまでの不便さ調査”
聴力障害者情報文化センター，共用品推進機構，平成14年11月

図2.1　街の中のさまざまな音で聴こえないと不利なもの調査

　図の吹出しの中の数値は，調査に回答した聴覚障害者が「不便」と回答した件数で，括弧内は全回答者数を分母（$N = 228$）とするパーセンテージです。この図を見ると，音が正常に聞こえる人が日常生活では気づいていなかったさまざまな音に関する不便があることに改めて気づかされます。不便を感じてい

---

†　肩付数字は，巻末の引用・参考文献の番号を表す。

る対象のトップは「防災放送が聴こえない」ことです。日本列島は，地震をは
じめ大雨による水害など災害が多いことから，緊急時の情報取得の要となる防
災放送が聴こえないことに対する不安が大きいと解釈できます。

　つぎに多いのが，車の音が聴こえないために危険な状況に追い込まれること
です。トラックがバックしてくるときの音が聴こえないため，知らないうちに
自分の間近までトラックが迫ってくるといった危険です。また，エレベータが
到着したアラート音に気づかないうちに，エレベータが扉を閉めて去ってしま
う事態も発生します。さらに，FAX などの OA 機器が故障したときに出る警報
音が聴こえない，電車の発車ベルが聴こえないなどの不便も報告されていま
す。音が聴こえる人にとっては「当たり前」で日常生活ではなかなか意識にも
上らないようなことですが，聴こえない人からの指摘によってそれらの音がい
かに重要なものであるかが改めてよくわかります。

2.1.2　聴覚障害者は日常生活でこんなに困っている

　日常生活を送る上で，音が聴こえないために困ることは多岐にわたります。
この節では，日常生活の例として「仕事のため出張する」という場面を想定
し，朝起きてから出張を終えるまでに，どのように困るのかを調べることにし
ましょう。

　図 2.2 の出張場面をもう少し細かく記述します。① 朝の起床，② 朝食の調
理，③ 家族との対話，④ 自転車で最寄り駅まで移動，⑤ 電車に乗る，⑥ 新
幹線に乗り換える，⑦ 昼食を食べる，⑧ バスで移動，⑨ 出張先で仕事，⑩
帰る時にお土産を買う，という一連のプロセスです。このプロセスで音が聴こ
えなければどう困るのか考えてみます。

　① **早朝に起床する：**

　　　おそらく本書の読者の多くは朝起きるのが苦手ではないでしょうか。明
　　日の朝，早く起きなければならないという状況では，目覚し時計が手元に
　　ないと不安ですよね。音が聴こえれば，寝る前に目覚し時計をちゃんと
　　セットすることで，翌朝の所定の時刻に時計が起こしてくれます。しか

① 早朝に起床する
② 朝食の調理を行う
③ 家族と対話する

④ 最寄り駅まで移動する
⑤ 電車に乗る
⑥ 新幹線に乗り換える

⑦ 現地で昼食を食べる
⑧ バスで移動する
⑨ 出張先で仕事する
⑩ 帰宅の際に土産を買う

図 2.2 音が聴こえないとこんなに困る（出張の例）

し，音が聴こえない人は，朝に目覚し時計が鳴っていてもその音が聴こえ
ず，時計に起こしてもらうことはできません。約 2 割の聴覚障害者は家族
に起こしてもらっているようですが，一人暮らしの人は家族に起こしても
らうこともできません。

　このため，聴覚に障害をもつ人は，朝起きるためにさまざまな工夫をし
ているようです。最も多いのは，振動によって時刻を知らせる目覚し時計
を使うことです。この他にも，タイマによって電気スタンドや扇風機，電
動マッサージ機を動かすといった工夫をしています。ただ，振動式の目覚
し時計は，本人が寝ている間に体の近くから離れてしまうなどのトラブル
が発生することもあり，万全の方法ではありません。振動式の腕時計を
使っている人もいます。このように，音が聴こえない人は，「朝起きる」
というスタートの時点から，聴こえる人とは異なる苦労を強いられます。

② **朝食の調理を行う：**

　キッチンで調理しようとすると，音で判断すべき事項が多いことに気づ
かされます。電子レンジで食物を温める際，加熱工程が終了すると電子レ
ンジが音で知らせてくれます。初期の電子レンジは，過熱の終了を「チ
ン」という音で知らせていたので，「レンジでチンする」，「レンチンする」
といったいい方がいまでも使われています。音が聴こえなければ，この
「チン」を認知することができません。またお湯を沸かすにしても，音が

聴こえる人はヤカンの蓋がカタカタと振動する音や，"ピー"と音が出る
ホイッスリングケトルの合図でお湯が沸いたことを認知できます。

さらに，調理ではキッチンタイマを多用しますが，音が聴こえなければ
音で知らせてくれるようなキッチンタイマは使えません。結局，調理して
いる間は，キッチンの傍から離れられないという状況に追い込まれてしま
います。この他にも，換気扇を消し忘れたり，機器のアラーム（例えば冷
蔵庫の半ドアなど）に気づかないなど，音が聴こえないことで調理に関わ
るさまざまなトラブルに遭遇します。

③ **家族と対話する**：

朝の忙しい時間帯にはやるべきことも多く，さまざまな作業を家族で分
担したり，歯磨きやトイレなどでたがいにぶつからないように工夫しま
す。家族同士，たがいに声を掛け合ってさまざまな作業を効率的にこなし
ていく必要があります。しかし，音が聴こえなければ，例えば，トイレに
入っていてノックされても気づかない，離れた部屋から家族に呼ばれても
気づかない，電話をかけたり受けたりできない，モノが落ちても気づかな
い，水が流れっぱなしでも気づかない，といったさまざまな不便を強いら
れます。

④ **自転車で最寄り駅まで移動する**：

自宅で朝の支度を終えた後，最寄り駅に向かいます。ここでは，最寄り
駅まで自転車で移動することを想定します。読者の皆さんも，最寄り駅ま
で自転車で通っている人が多いのではないかと思います。朝の通勤通学時
間帯は，多くの人が駅の方向に向かって一斉に向かうという特徴がありま
す。歩行者，自転車，バイク，車が一斉に動く時間帯なので，交通量が少
ない昼間の時間帯よりも周りに気を付けながら移動しなければ思わぬ事故
に遭遇してしまいます。このような中，音が聴こえない人たちにはさまざ
まな不都合が発生します。道路上を移動する場合に最も気を付けなければ
ならないのは，自分の後ろから迫ってくる車両です。音が聴こえれば後ろ
から来る車両の音を感知することが可能ですが，音で感知できない人は後

ろから車両が迫ってくることに気づくのが遅れてしまいます。

　このような危険をつねに感じているため，聴こえない人はどうしても後ろからの車両接近に対する注意の配分が多くなり，前方の注意がおろそかになったり，またこれらの事情により疲労が大きくなることが報告されています。さらに，踏切の遮断機の音や緊急自動車のサイレンの音も聴こえないので，危険を感じる人が多いのです。難聴者の中には，補聴器を付けることである程度の音が聴こえる人もいますが，自転車に乗っていると補聴器からは風切り音しか聴こえず，やはり危険が大きいことに変わりはないという意見が寄せられています。聴覚障害者の中には「自分は耳が聴こえない」ことを明示することで，周囲の人に注意を喚起している人もいます。

⑤　**電車に乗る**：

　駅に到着すると電車に乗りますが，毎日使っている電車に乗るのであればそれほど不自由はありませんが，例えば事故などの緊急事態が発生した途端に不自由な状況に陥ってしまいます。特に，駅構内やホーム上でのアナウンス内容がわからない，電車内での緊急放送の内容がわからない，発車のタイミングがわからず（ベルが聴こえないため）ドアに挟まれる，といった意見が多くの聴覚障害者から寄せられています。また，電車の行き先が途中で変更になる場合がありますが，このような場合に車内アナウンスを聞き取れなければ，情報を得ることができず，適切に行動することができなくなります。出張先で乗る不慣れな路線の場合，車内では電車の行き先がわからない，混雑する駅では駅名が見えない，駅員の説明がわからない，等々多くの問題を抱えることになります。

⑥　**新幹線に乗り換える**：

　新幹線に乗る場合に起こる問題は，基本的にはローカル線で起こる問題と類似していますが，駅間の距離が長いことが大きな特徴です。例えば，東海道新幹線に乗ることを考えると，「のぞみ」に乗車した場合，「新横浜」のつぎの停車駅は「名古屋」で，名古屋のつぎは「京都」です。したがって，もし乗り過ごしてしまったらかなり取り返しのつかないことにな

ります。山手線に乗っている分には，乗り過ごしてもつぎの駅で降りて引き返せばよいですが，新幹線の場合にはそう簡単にはいきません。また，駅における駅員との会話や車内での車掌との会話がうまくいかず，大きな不便を感じます。他にも，乗換えの電車がわからない，乗車口がわからない，補聴器に雑音が入る，車内販売の声が聴こえない，などが報告されています。

⑦ **現地で昼食を食べる：**

　例えば東京-大阪間の出張などでは，電車と新幹線を乗り継いで現地入りしたころ，ちょうど昼食時になることも多いと思います。聴覚障害者からは，食堂やレストランでも困ることがいろいろと挙げられています。大きな原因として，店員とのコミュニケーションがうまくいかないことが指摘されています。食べ物を注文するときにコミュニケーションがうまくいかず，いろいろと気を使っても最後にトラブルになることも多く，そのような経験を一度してしまうと，食堂やレストランには入らなくなるそうです。

　コミュニケーションがうまくいかない理由は，店員にいろいろと説明されたり質問されたりする，値段表示がない，呼ばれてもわからない，メニューがわかりにくい，などが挙げられています。その一方，メニューが写真で構成されているファミリーレストランは，言葉で会話しなくても指差しで注文でき，値段もメニューに大きく表示されていてコミュニケーションのトラブルが少ないため，ファミリーレストランを選ぶことが聴覚障害者には多いようです。

⑧ **バスで移動する：**

　昼の食事を終え，出張先にバスで移動する場面でも困ることが発生します。最近は，特に観光地などでは大きなディスプレイ装置を車内に装備し，視覚的に多くの情報を提示できるバスも運行していますが，そうでないバスも多数運行しています。聴覚障害者が困ることは，車内放送が聴こえないため，不慣れな場所では乗車場所/降車場所がわからない，いまどこを走っているのかわからない，近くの人に尋ねたくても会話ができな

い，といったことです。運転手と筆談することも難しく，近くの人に仲介を頼むことも難しいため，聴覚障害者にとってバスへの乗車は心理的な負担が大きいのが現実です。

⑨　**出張先で仕事する：**

　　出張先でのコミュニケーションではさまざまな不都合がありますが，相手が聴覚障害者であることを出張先の人が事前に把握していれば，例えば，筆談用のボードを用意する，手話通訳を依頼する，PC でテキスト会話する，といった対応が可能です。しかし，現場でさまざまなオフィス機器を使う場面では，例えば，エレベータの定員オーバーがわからない，FAX などのエラー音がわからない，パソコンのエラー音に気づかない，緊急自動車の音に気づかない，構内アナウンスがわからない，など多くの不便が挙げられています。

⑩　**帰宅の際に土産を買う：**

　　聴覚障害者が使いやすいと感じる店は，店員とのコミュニケーションが必要ないスーパーマーケットです。一方，お土産などを含む専門店では基本的に店員とのコミュニケーションが必要であるため，聴覚障害者にとっては使いにくい店であると感じられるようです。利用しやすいお店の条件は，店員との会話が少ない，商品を自由に選択できる，価格が明示されている，値段が安い，モノの品質を目で確認できる，支払いが簡単，などが挙げられています。反対に利用しにくいお店の条件は，店員が話しかけてくる，一方的に押し売りされる，価格表示がない，店員とのコミュニケーションが必要，といったことが挙げられています。

2.1.3　聴覚障害者向けの情報保障には手話通訳と要約筆記がある

生まれつき聴覚に障害をもち，**母語**が**手話**の人を**ろう者**と呼んでいます。母語とは日常使用する第一言語で，本書の読者はおそらく日本語を母語とする日本人，あるいは日本語が第二言語である外国籍の留学生かもしれませんね。ろう者以外にも，手話でコミュニケーションできる人はいますが，日本国内の聴

覚障害者約34万人のうち手話が使える人は約14％程度と少ないです。

　手話の他にも，聴覚障害者に対する情報保障の方法として**要約筆記やパソコン要約筆記**があります。**手話は，手指や体の空間的表現と顔表情や視線などを組み合わせて相手と意思疎通する，日本語とは異なる言語**です。また，手話は対話の相手が目の前に居ることを前提とする言語で，話者相互のインタラクティブなやり取りを通じて会話内容を理解していく言語です。つまり，文章を読むような一方向的な対話ではなく，話し手と聴き手が頻繁に入れ替わりながら，たがいがいいたい内容を確認しつつ会話を進めていくのが手話の特徴です。日本国内では，文法も単語も異なる**3種類の手話**，(1) **日本手話**，(2) **日本語対応手話**，(3) **中間型手話**が使われています。

(1)　**日 本 手 話**：

　　日本手話は，国内で古くから使われている手話で，日本語とはまったく文法が異なります。例えば日本語で「私－は－横浜－に－行き－たい。」は，日本手話の文法で表現すると「わたし－横浜－行く－したい」となります。あるいは日本語で「あなた－は－どこ－に－行き－たい－ですか？」は，日本手話では「あなた－行く－したい－どこ？」となります。手話には「て・に・を・は」などの助詞はありません。手話を話す人の中でも，特に高齢のろう者やろう者の家族が日本手話を使用する傾向があります。日本語とは文法が異なるので，**口話**（相手の口の動きを読み取る）を併用することができません。

(2)　**日本語対応手話**：

　　日本語対応手話は，音声言語である日本語を基準として，それに手話単語を一語一語当てはめていくような手話です。日本語対応手話では，名詞や動詞，形容詞に加えて，日本語の統語構造で必要となる格助詞（～が，～を，など）も口話や指文字で手話表現します。日本語を習得し，日常的にスマートフォンやパソコンでテキストコミュニケーションしている若年のろう者や難聴者は，日本語対応手話を使用する傾向が強いといわれています。

(3) **中間型手話**：

中間型手話は，日本手話と日本語対応手話の中間に位置する手話です。中間型手話では，手話単語の語順は日本語と同じですが，格助詞は省略されることが多く，特に必要な場合にのみ指文字で手話表現します。また中間型手話には，動詞や形容詞の活用がないという特徴があります（**図2.3**）。

「ありがとう」

★**このキーワードで検索してみよう！**

手話スタンプ   🔍

「手話スタンプ」で検索すると，基本的な手話の単語をかわいいイラストで表現したスタンプがヒットします。

図2.3 手話の例「ありがとう」

一般に，ろう者は会話の相手に合わせて，日本手話，日本語対応手話，中間型手話を使い分けています。手話を母語とする人と日本語を母語とする人が会話する場合，手話通訳を介して手話-日本語の通訳をしてもらうことがあります。この通訳者が**手話通訳士**です。フォーマルな会議で手話通訳を依頼する場合，一人で長時間の通訳を行うことは困難であるため，複数の手話通訳士に交代で通訳してもらうのが一般的です。

要約筆記は，話者の日本語による発話内容を要約して紙に記述し，それを聴覚障害者に提示する方法です。一般的に，日本語を話す話者が普段の会話スピードで話した内容のすべてを書き留めることは困難であるため，要約筆記者は話者の発話内容を要約してメモを作成し，聴覚障害者に提示します。例えば，聴覚障害者が大学で日本語の授業を受講する場合，聴覚障害者の隣の席に要約筆記者を配置して，教員が授業で話す内容を筆記者がその場で要約したメモを聴覚障害者に渡す，という**情報保障**を行います。これを**ノートテイク**と呼んでおり，要約筆記を行う人を**ノートテイカー**と呼んでいます。

要約筆記を紙のメモではなく PC を用いてタイピングし，そのテキストを聴覚障害者に提示する情報保障が，パソコン要約筆記です。要約筆記者のタイピング速度が速ければ，紙による要約筆記よりも多くの情報を聴覚障害者に伝達できる可能性があります。会議などで PC 要約筆記が必要な場合，最近では音声認識システムで話者の発話内容をテキストに変換し，誤変換部分を人間が訂正して提示する方法が研究されています。

2.2　聴覚障害の基準

2.2.1　聴覚障害者にはろう者と難聴者がいる

聴覚障害といってもその症状はさまざまです。特に，幼少のころから聴覚に重度の障害がある場合には，母語（第一言語）が日本語ではなく，手話となる場合があります。このため聴覚障害者は，母語が手話の人と日本語の人とに分かれ，母語がどちらかによって情報保障の方法が異なります。聴覚障害者は，その症状によっていくつかの等級に分類できます。

どれだけ小さな音が聞こえるかを聴力といいますが，聴力を測定する場合，聴力と語音明瞭度を測定します。聴力測定では，数種類の正弦波（周波数が異なる）「ピッピッ」,「プップッ」,「ボッボッ」といった音をさまざまな音圧レベル（3.3.2項 参照）で聴き，音が聞こえるかどうかを，ボタンを押す/手を上げるといった方法で測定します。この測定を，ヘッドホンを装着した場合の聴力（気導聴力）と，耳の後ろの骨から振動を与えて測定した聴力（骨導聴力）の二種類について行います。

音が聴こえる最低の音圧レベルをオージオメータで測定し対数表現されたレベルが，デシベル（dB HL）です。HL は Hearing Level の頭文字をとったもので，dB HL はデシベル・エイチ・エルと呼びます。語音明瞭度ですが，これは会話の中で実際の言葉を聞き取る能力のことです。ヘッドホンを装着して何段階かの音圧レベルで，「あ」,「い」などの言葉を聞き取り，聞き取った内容を回答用紙に書いていきます。このとき，音圧レベルと言葉の正解率〔%〕で診

表2.1　聴覚レベルと聴覚障害の程度

聴力レベル	聴力の診断	聴覚障害の程度（例）
25 dB HL 以下	健　　聴	正常レベル
26～40 dB HL	軽 度 難 聴	通常の話し声がやっと聞き取れる程度であり，騒がしい環境での会話が聴き取りにくくなるレベル
41～55 dB HL	中等度難聴	大きな声で話せばなんとか話しが聴き取れるレベル
56～70 dB HL	やや高度難聴	補聴器を装用しなければ会話の聴取りが難しくなるレベル
71～90 dB HL	高 度 難 聴	高出力の補聴器を装着しなければ会話内容が聴き取れなくなるレベル
91 dB HL 以上	重 度 難 聴	ほぼ聴こえないレベルであり，口話または手話での会話が必須

断します（**表2.1**）。

　音が聴こえないといわれると，直感的には「無音」の世界を想像しがちですが，必ずしも無音ばかりではなく，耳の中で轟音のような耳鳴りがつねに鳴り響いているため，外の音が聴こえないという症状もあります。「ジェット機が頭のすぐ上に，旋回もせずずっといる感じ」と表現する聴覚障害者もいます。

2.2.2　ろう者と難聴者・中途失聴者は同じではない

　聴覚障害者とは，基本的には音がよく聴こえないという障害をもつ人のことで，前項では聴覚障害の判定基準について説明しました。情報保障を行う場合，例えば手話が母語であって日本語が第二言語であるようなろう者にとって，日本語のテロップが提示されても，その内容をすぐに理解できるとはかぎらないことに注意する必要があります。

　この本の多くの読者が日本語を母語とする日本人であると仮定し，例えば，あなたが仕事でアフリカ東岸のタンザニアに出張したとしましょう。現地ではスワヒリ語が使われていますが，あなたはスワヒリ語を話すことができません。そのような場合には現地で通訳を依頼しますが，あなたにとってはスワヒリ語を英語（第二言語）に通訳してもらうよりも日本語（第一言語）に通訳し

てもらったほうが圧倒的に会話しやすく，安心感もあると思います。これと同様に，手話を第一言語とするろう者にメッセージを伝える場合には手話を使用すべきであり，したがってろう者向けの情報保障では日本語-手話を通訳の第一選択肢とすべきなのです。

　他方，難聴者および中途失聴者は母語（第一言語）が日本語である可能性が高く，難聴者・中途失聴者向けの情報保障では日本語をテキストで表示するなど，日本語を音ではなく目で見える形に変換すればよいのです。これと同じ理由で，難聴者・中途失聴者向けには筆談で対応することができます。一方，日本語が不得意なろう者に筆談を求めても有効にコミュニケーションできるとはかぎりません。「病院で筆談をしてもらったが理解できないため，改めて後日，市役所の手話通訳士をわざわざ予約し，手話で通訳してもらって内容を理解した」というろう者がいるくらいです。

2.2.3　盲ろう者のコミュニケーション

　目（視覚）と耳（聴覚）の両方に障害を併せもつ人を盲ろう者といいます。盲ろう者は，その障害の程度によって全盲ろう，全盲難聴，弱視ろう，弱視難聴の4種類に分類されます。盲ろう者のコミュニケーション方法には，**点字**（ブリスタ・指点字），手話（接近手話・触読手話），筆記，手のひら書き，音声などがあります（図2.4）。

　ブリスタ（blista braille typewriter）とは紙テープに点字を打っていく点字

盲ろうの種類
(1) 全盲ろう：まったく見えなく，かつまったく聞こえない。
(2) 全盲難聴：まったく見えないが，音は少し聞こえる。
(3) 弱視ろう：少し見えるが，まったく聞こえない。
(4) 弱視難聴：少し見える，かつ少し聞こえる。

触読手話
相手の手に自分の手を重ね，相手の手話をさわって読み取る方法

図2.4　盲ろうの種類と触読手話によるコミュニケーション

用タイプライタ，指点字は点字タイプライタのキーの配置をそのまま人の指に当てはめ，手と手で直接行う会話法です。接近手話とは，弱視ろう者の見え方に合わせて相手に接近するなどして手話を使う方法，触読手話は，相手の手に自分の手を触れさせて手話の形を手で読み取る方法で，全盲の人が使います。

　盲ろう者はさまざまな困難を抱えていますが，大きく三つの困難があるといわれます。まずは，一人で移動することです。視覚または聴覚のどちらか一方が活用できれば一人での移動が可能ですが，見えない，かつ，聴こえない状態では一人での移動は困難です。2番目が外部からの情報入手です。視覚か聴覚のどちらかが活用できれば点字ディスプレイや画面読み上げソフトを用いてインターネットや電子メールを利用することが可能ですが，視覚と聴覚の両方に障害があると外部からの情報取得にはかなりの困難を伴います。3番目は他者とのコミュニケーションです。特に全盲ろう者は，触覚という限られた手段を頼りに他者とコミュニケーションせざるをえません。触覚を介するコミュニケーションを支援するようなICTツールの開発が待たれます。

2.2.4　難聴になる原因

　難聴になる原因には，加齢，病気，騒音，薬の副作用などがあります。また，原因が耳のどの部位にあるかによっても難聴の種類や程度が異なります。先天的な難聴の原因には，聴覚組織の奇形や母親が妊娠中にウイルス（風疹など）に感染したなどがあり，後天的な難聴の原因としては，突発性疾患，薬の副作用，頭部外傷，高齢化，大きな騒音などによって，聴覚組織に損傷を受けた場合があります。

　聴覚障害の種類は，障害の部位により，伝音性難聴，感音性難聴，混合性難聴に分類されます。われわれの耳はその構造上，外側の耳介（耳たぶ）から順に外耳/中耳/内耳に分類されています。外耳から入った音は，中耳にある鼓膜を振動させ，その振動は，ツチ骨→キヌタ骨→アブミ骨を経由して蝸牛内にある聴覚の神経細胞である有毛細胞に到達し，これを刺激します。刺激を受けた有毛細胞が刺激量に応じてパルス信号を発生させ，このパルス信号が脳に送ら

れた結果をわれわれは「音が聴こえた」と感じているのです。この一連の音波の伝達経路のどこかで不具合が発生すれば，それは難聴の原因となります。難聴は，大きく分けると**表2.2**の3種類に分類することができます。

表2.2　難聴の原因と主な症状

難聴の分類	原因となる部位と症状
伝音性難聴	外耳や中耳で起こった損傷や炎症が原因。音量を上げれば聞き取れるので，補聴器の使用が有効。治療で症状が改善される場合もある。
感音性難聴	加齢や大音量による有毛細胞の機能低下が原因。内耳・聴神経・脳の中枢などの感音系が原因で生じる障害もある。小さな音が聴き取りにくく，大きな音が響く/ひずむ，言葉が明瞭に聴こえない，など。補聴器による増幅だけでは改善しない。症状に合わせて音質を細かく調整する必要がある。
混合性難聴	伝音性難聴および感音性難聴の両方の症状。中耳炎が悪化して内耳が冒されるケースもある。

　最近では「**ヘッドホン難聴**」という聴覚障害が多く報告されています。これはイヤホンやヘッドホンを装着して大きなボリュームで長時間音楽を聴くなどが原因で，騒音性難聴や音響外傷によって聴力が低下してしまうものです。主な症状として，聴力が低下するとともに，難聴による耳鳴りが発生することが多く，さらにはめまいの発生も報告されています。ヘッドホン難聴では低周波域の音が聴こえにくくなる「低音難聴」が起こりやすく，低い音が籠ったように聴こえることが多いと報告されています。例えば，ライブハウスや音楽フェスティバルにおいて大音響で音楽を聴いた後に耳鳴りが発生したり，音が籠って聴こえるような感覚が継続するのが症状です。慢性的なヘッドホン難聴で失った聴力は戻りません。ヘッドホン難聴を避けるには，まずは音量を下げる必要があります。特に電車での移動中など，周りの雑音レベルが高い環境ではボリュームを上げがちになるため注意が必要です。また長時間の使用を避け，イヤホンを使わない日を設定して耳を過度に使用しないことも重要でしょう。日常，普通に生活をしていても，内耳にある有毛細胞は徐々に傷つき，年齢とともに消耗していきます。特に，有毛細胞が存在する蝸牛の入口付近には周波

数の高い音に反応する有毛細胞が分布するため，この部分はつねに音波にさらされ消耗していきます。このため，年齢とともに周波数の高い音の聴力が衰えていくと考えられています。

2.3 感覚刺激は脳で高度に統合される

2.3.1 感覚遮断：感覚器からの刺激がなければ人間らしく生きられない？

もし，目や耳や皮膚など，感覚器からの刺激が急に入って来なくなったら，人間はどのような状態になるでしょうか？ 人間の聴覚／視覚／嗅覚／味覚／触覚などの感覚器に入ってくる刺激を極端に減少させた場合の反応を観察するような研究が，1950年代から行われています。感覚器からの刺激を極端に減少させた状態を**感覚遮断**といっています。感覚遮断は，狭い意味では目や耳や皮膚などの感覚器への刺激を極端に少なくする知覚遮断を意味しますが，より広い意味では知覚刺激を遮断した上で単調な環境に長時間閉じ込める社会的遮断を含む場合があります。

このような研究の背景には，人間が環境に適応して生きていく上では環境からの刺激を受けることが必要であり，そのような刺激を失った場合には人間自身が自らの認知的機能を維持できない，とするカナダの心理学者ドナルド・ヘッブ（Donald Olding Hebb）の仮説がありました。特に広い意味での感覚遮断は，例えば，地震などの災害で地下に長時間閉じ込められた人の心理的状態や宇宙船内での長期間滞在（例えば火星までの飛行では片道9箇月程度）による心理的影響を理解する必要があるなど，現実的な課題に直結する問題でもあります。

光を遮断された真っ暗な環境で，かつ無響で音も遮断された環境下に置かれた人の多くは，幻覚を見るようです。また，数時間の感覚遮断を受けると認知機能が低下し，例えば，反応時間が長く（つまり反応が遅く）なる，論理的思考が損なわれる，感情的な反応が増加する，といった傾向が報告されています（**図2.5**）。

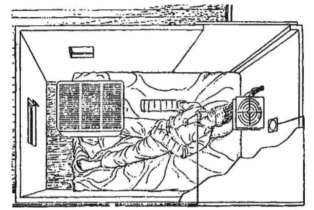

Woodburn Heron：The Pathology of Boredom, Scientific American（1957）

図2.5　感覚遮断実験[4]

　さらに，24時間以上の感覚遮断を受けると，空想する傾向や退行的な思考傾向が見られるようになり，錯覚や幻覚を見る，否定的な感情が沸き上がるといった傾向が見られます。36時間を超える感覚遮断を受けた場合には，錯覚や幻覚に加えて白昼夢も見るようになり，衝動的・攻撃的で否定的な感情に支配されることもわかりました。60時間を超えると思考機能が著しく衰えて，断片的な空想と抑うつ的な感情に支配されるようになります。このように，人間は感覚遮断によって高次の認知機能が損なわれて首尾一貫性が失われ，作業に集中できなくなり，安定した自我が維持できなくなることがわかりました。これらの結果は，人間たるものつねに感覚器を通して環境からの刺激を受けつづけていなければ人間らしく生きられない，ことを示しています。

2.3.2　エコーロケーション：現代技術でも達成できない高度な情報処理

　音を聴くということが，自分の周りの状況をいち早く知ることで身の危険を回避し，必要な行動をとる上で大変重要な役割を果たしていることを説明してきました。音を聴く行為は，自分の周囲にある音源から発せられた音波をキャッチするというような，受動的な印象があるかもしれません。しかし，自ら音を発信してその反射音を聴き取ることで自分の周囲の環境を把握し自分の行動に

役立てるという，いわばソナー（SONAR）装置で周囲をつねに探査・分析しているような動物がいます。自分が発信した音の反射音を分析して周りの環境を把握する行為を**エコーロケーション（反響定位）**といいます。エコーロケーションを行う動物としてよく知られているのがコウモリです。コウモリが発する音は 30〜200 kHz の超音波で，その音がどのように反射してくるのかを聴き取って瞬時に分析することで，暗闇であっても障害物を避けながら縦横無尽に飛行し，獲物を捕える（捕食行動）ことができます（**図2.6**）。

コウモリは，自ら音を発信し確実に獲物を仕留めるような高度に洗練されたソナーシステムを備えている

図2.6 コウモリのエコーロケーション

　コウモリは，獲物を広く探索するとき/獲物に接近するとき/獲物を捕食するとき，それぞれに異なるパターンで音を発信し，確実に獲物を仕留めるような高度に洗練されたソナーシステムを備えているのです。一方，コウモリが発信する超音波は，コウモリの獲物となる昆虫には聴こえません。コウモリは夜行性で夜の闇の中で獲物を狙う動物ですから，狙われる立場の昆虫からすれば，暗闇の中で自分たちが気づかない間にコウモリのソナー探査網で捕捉され，闇の中で見えない相手から突然襲われるという，実に恐ろしい世界といえます。コウモリのエコーロケーションは非常に高性能で，数メートル先にいる獲物の存在だけではなく，獲物の表面構造や羽ばたきなどの動きも正確に把握することができます。水面にできた小さな波紋を探知し，水面下にいる小魚を捕まえるコウモリもいるようです。

　また，コウモリのエコーロケーションは空中を飛行する際の姿勢制御でも重要な役割を果たします。コウモリが獲物である昆虫を捕まえるためには，草木

が生い茂る闇の森林の中を縦横に飛び回ることが必要です。天井から多数の細いワイヤを吊るした暗闇の実験室でコウモリを飛ばすと，コウモリはワイヤにはまったく触れずに自由に飛行することができ，また着地する場所の表面状態もエコーロケーションによって的確に把握し，自分の爪が引っ掛かりそうな凹凸のある場所を特定できることもわかっています。コウモリは，このような現代の技術でも真似のできない高度で洗練されたエコーロケーション能力を進化させ，大きな繁栄を遂げてきました。

　コウモリ以外にも鯨類（イルカ・クジラ類）もエコーロケーションを使っていることがわかっています。イルカは，離合集散の集団を形成しながら行動するなど，高い認知能力や社会性をもつ動物として知られています。イルカは水中で最も有効な手段である音を多用しており，エコーロケーションや仲間とのコミュニケーションを行っています。イルカの鳴き声は，ホイッスルと呼ばれるピーピーと笛を吹くような周波数帯域が狭く持続時間の長い音と，クリックスと呼ばれるカリカリ/ギリギリというような持続時間の短いパルス音の2種類に分類できます。イルカの鳴き声の周波数は150〜160 000 Hzの範囲で，さまざまな目的に応じて鳴き声を使い分けています。イルカのエコーロケーションでは，超音波領域（20 000 Hz以上）の高い声のクリックス音が使われます。また，イルカは比較的低い声のパルス音も威嚇や採餌のときに使います。一方，イルカはホイッスルを使ってコンタクトコール，つまりたがいにどこにいるのかを群れの中で確認し合うことで群れを維持しています。特に声の抑揚が強いシグニチャホイッスルと呼ばれる鳴き声があり，このホイッスルによって個体を識別し，たがいに誰であるかの確認，母子の確認などを行っています。また，ホイッスルには地域による差異があることも確認されており，このことは，イルカにはその生息地域によって「方言」があることを意味します。方言があることは人間社会とも類似していて，読者の皆さんもイルカに親近感を感じるのではないかと思います。

3

そもそも「音」とはなにか？

3.1 音とは波である

音を聴く器官は耳であり，中耳にある鼓膜が振動してその振動が内耳の蝸牛にある有毛細胞でパルス信号に変換され，脳に伝わって「音」として認識されることをすでに述べました。この鼓膜を振動させているのが音波です。空気中であれば，鼓膜を振動させるエネルギーが空気の振動という形で伝達されてくるのです。この空気の振動が，その発生場所からつぎからつぎへと伝搬してくる現象が波動です。

3.1.1 音が発生するメカニズム

例えば，太鼓をたたくと「ドン」と音が出るのはなぜでしょうか？ 太鼓の膜面をバチでたたくと，最初に太鼓の膜面はバチと同じ方向に瞬間的に押し込まれます。しかし，大きな張力でピンと張られた弾力のある太鼓の膜面は，つぎの瞬間にはバチとは逆の方向に戻る（反発する）ように動きます。しかしこの反発する動きも，太鼓の膜面の張力によって再度引き戻され，バチと同じ方向に運動を始めます。このような動きが繰り返される結果，太鼓の膜面は振動します。一方，膜面の周りは空気で満たされています。いま，太鼓の外側の膜面付近の空気に着目しましょう。バチで太鼓の膜面がたたかれたことで，膜面は太鼓の内部に向かって素早く移動します。そうするとこの部分にある空気は，短い時間で膨張します。しかし，つぎの瞬間には膜面が先ほどとは逆方

向，つまり太鼓の外側に向かって移動してきますので，今度は膜面付近の空気は短い間に圧縮されます（**図3.1**）。

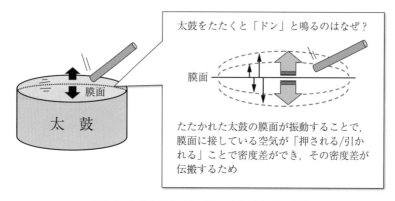

図3.1 太鼓をたたくと「ドン」と音が出る理由

　このように太鼓をバチでたたくことによって，太鼓に張られた膜面付近の空気には膨張/圧縮という繰返しパターン，つまり**音波**が発生します。ここで発生した膨張（空気が疎/低い気圧）と圧縮（空気が密/高い気圧）の繰返しパターン，すなわち空気の疎密パターンが太鼓の膜面付近から四方八方に広がっていきます。この疎密パターンが人の耳に入ってくることで，太鼓の「ドン」という音が聴こえるわけです。すなわち「音」とは，空気の膨張/圧縮という圧力変化の繰返しパターン，つまり**疎密波**が伝搬する現象です。この疎密波が伝搬するためには，この疎と密のパターンを伝えるための仲立ちとなる物質や空間，つまり空気や水などの**媒質**が必要になります。

3.1.2　空気中を伝搬する音波は縦（疎密）波である

　「音」とは，空気の圧力変化の繰返し，つまり空気の密度が疎な部分と密な部分で構成されるパターンが伝搬していく現象です。本書の読者の皆さんは，「波」と聞くとどんな場面を想像するでしょうか？　多くの読者は，あの葛飾北斎が浮世絵「神奈川沖浪裏」で描いた海の波のような場面を想像するかもしれません。北斎の浮世絵で描かれている「波」，あるいは静かな水面に雨粒が落

ちたときに広がる「波紋」，これらはすべて「波」です。しかし，これらの波は，いわゆる「**横波**」といわれる波で，音が伝搬するときの「縦波」とは性質が異なります。

　波が伝搬するためには媒質が必要であることを述べました。例えば，空気という媒質は，空気を構成する気体分子の集合体（空気の主な成分は，窒素が78.08%，酸素が20.95%，アルゴンが0.93%，二酸化炭素が0.03%）から構成されています。これらの分子は空間の中を飛び回り，空間中にある壁や物体にぶつかったり，あるいは分子相互にぶつかったりの運動を繰り返しています。空気の圧力の根源は，空気の中に含まれる多数の気体分子の運動であり，気体分子1個だけ見ればごく小さな力しか及ぼしませんが，多数の分子が壁にぶつかったときには大きな力が発生します。圧力とは，この力を単位面積当りで正規化したもので，**$1\,m^2$ の壁に $1\,N$（ニュートン）の力が加わった状態が $1\,Pa$**（**パスカル**）となります。天気予報で使われるヘクトパスカル（hPa）は，1 Paを100倍にした単位，つまり1 hPa = 100 Paです。

　ここで太鼓の話に戻りますが，太鼓の内側も外側も空気で満たされています。**図 3.2** で模式的に示したとおり，太鼓の膜面（壁）がたたかれると，この壁が速く動きます。すると，壁に接している媒質（空気）で密な部分が発生し，それが伝搬していくのが音波です。実際の太鼓の膜面では，密な部分につづいて疎な部分が発生し，その疎密パターンが音波として伝搬していきます。疎密波の伝搬では，媒質の体積の変化に対する弾性が復元力となって疎密のパターンが伝わっていきます。空気の密度が疎になった部分は元の密の状態に戻るように動き，逆に密になった部分は元の疎の状態に戻るような動きが弾性であり，その力によって波が伝搬していくわけです。したがって，音のように媒質の中を伝わってくる疎密波は「**弾性波**」とも呼ばれています。われわれが普段聴く音，つまり空気中を伝搬してくる音は，すべて媒質の疎と密のパターンが順次伝搬してくる疎密波なのです。疎密波では，波が進行する方向と媒質の分子が振動する方向が同じであり「**縦波**」と呼ばれています。

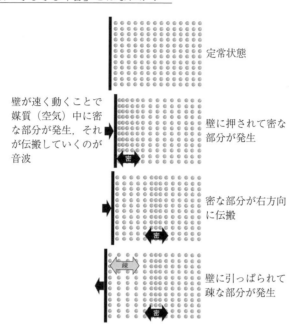

壁が速く動くことで
媒質（空気）中に密
な部分が発生，それ
が伝搬していくのが
音波

図3.2　壁面の速い移動によって媒質の疎密が発生した結果が「音波」

　一方，海岸に押し寄せる波は「横波」です。横波では，波の進行方向に対して垂直方向に媒質の分子が振動します。つまり，波の進行方向に対して横方向に媒質が振動する波が横波です。横波では，媒質の形状の変化に対する弾性が復元力となって波が伝搬していきます。縦波は体積変化がもたらす弾性で生じ

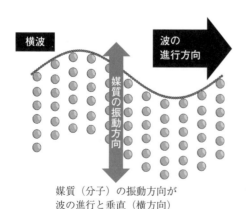

媒質（分子）の振動方向が
波の進行と垂直（横方向）

図3.3　横波は波の進行方向
　　　　と媒質（分子）の振動方向
　　　　がたがいに垂直

る「体積波」でしたが，横波は体積変化を伴わない弾性波であるため「等体積
波」といえます（**図3.3**）。

3.1.3 弾性波（疎密波）のばねモデル

弾性波の伝搬は，**図3.4**に示すような「**ばねモデル**」を使って説明できま
す。ばねモデルの基本的な考え方は，多数の気体分子がたがいにばねでつな
がっているというものです。図に示すばねモデルにおいて，球体は質量をもつ
気体分子を表しており，各気体分子がばねで連結されて弾性を保っています。
この球体鎖の左端をハンマでたたきます。ちょうど，太鼓の膜面をバチでたた
いたのと同じ状態です。最初にたたかれた左端の球体は，ハンマの運動と同じ
右方向に移動します。左端の球体の右移動の動きは，ばねを介して左端から2
番目の球体に伝わりますが，球体は質量をもつため左端から2番目の球体には
慣性が働いてすぐには動きません。そうすると，左端の球体と左端から2番目
の球体の間のばねが縮んで力を蓄積します。このとき，左端の球体と左端から
2番目の球体は距離が近い状態となっており，単位体積当りの球体（気体分子）
の数が多い状態，すなわち密度の高い状態となっていることがわかります。

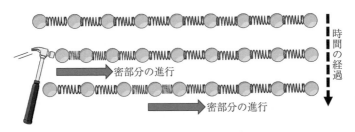

図3.4　縦波と横波の違い

ばねの力に押されて左端から2番目の球体が右方向に動き始めると，その動
きはばねを介して左端から3番目の球体に伝わっていきます。これと同時に，
左端で伸び始めているばねの力に押されて，左端の球体は最初の動きとは逆の
左方向に移動を始めます。このような球体とばねとの相互の動きが繰り返され
る結果，球体密度の高い「密の部分」と波の進行方向と反対方向に動いた球体

による密度の低い「疎の部分」とが形成されます。このようにして，疎と密の
部分がパターンとなってばねモデルの中を伝搬していきます。**大気中での音の
伝搬でも，これと同じような疎密波の伝搬現象が発生**しています。

3.1.4　音波の記述式

音波ですが，一般的には**図3.5**（a）で示すような横波と見なして三角関数で
モデル化します。図（b）に示すように，波動は速度cでx軸方向に伝搬してい
るとします。現時刻T_0において原点付近に波があると仮定し，この波が右方
向に速度cで伝搬していきます。いま任意の地点xを考えると，地点xで起こ
る波は時間$\varDelta t$秒前の時刻T_0において原点付近にあった波が移動してきたもの
である，と考えることができます。

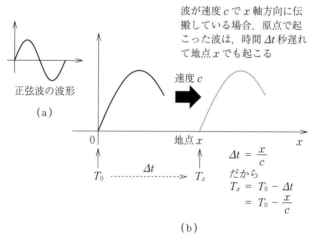

図3.5　波の進行モデル

図（b）の波は速度cで伝搬しますので，この波が原点から地点xに到達する
までの時間$\varDelta t$は

$$\varDelta t = \frac{x}{c} \tag{3.1}$$

つまり図（b）の地点xでは，時刻T_0よりもx/c秒遅れて原点付近にあった

波が押し寄せてくることになります。この波は，図 (a) で示すような正弦波
$Y = A \sin x$ であるとします。原点で観測される波を Y_0 とすれば

$$Y_0 = A \sin \omega t \tag{3.2}$$

　式 (3.2) で ω は角速度であり，単位は〔rad/s〕（ラジアン/秒）です。つぎ
に，地点 x で波 Y_x を観測すると，ここでは原点付近にあった波が Δt 秒だけ
遅れてやってくるので，三角関数の時刻パラメータ t は $t - \Delta t$ となります。

$$Y_x = A \sin \omega(t - \Delta t) \tag{3.3}$$

式 (3.3) に式 (3.1) を代入すると

$$Y_x = A \sin \omega\left(t - \frac{x}{c}\right) \tag{3.4}$$

　角速度 ω〔rad/s〕は，波の周波数 f を用いてつぎのように記述することがで
きます。

$$\omega = 2\pi f \tag{3.5}$$

波の速度 c は波長 λ と周波数 f を用いて

$$c = f\lambda \tag{3.6}$$

式 (3.5) および式 (3.6) を用いて，式 (3.4) はつぎのように変形することができ
ます。

$$Y_x = A \sin 2\pi\left(ft - \frac{x}{\lambda}\right) \tag{3.7}$$

　式 (3.7) は横波を記述したものですが，疎密波である音波もこの式を用いて
記述することができます。**図 3.6** で，縦軸は音圧値 P を表し，横軸は音波の
観測地点 x を表しています。また，図の上部に記したバーコードのような模
様は，正弦波の伝搬と疎密波の疎と密が対応するように表現したものです。正
弦波で表される音圧値 P が最大値 P_{max} となった時点で気体の粒子密度が最大
の「密」となるようにバーの密度を対応させています。また音圧値 P がマイ
ナスの最低値になった地点では，気体の粒子密度が最低の「疎」の状態と対応
します。音波は，図の左側から右側に向かって伝搬していきます。図に示す正
弦波において，任意の地点 x における音圧 P_x はつぎのとおりです。

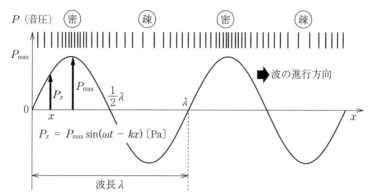

P_{max}：圧力の変化の最大値〔Pa〕
ω　：角周波数〔rad/s〕= $2\pi f$, f：周波数〔Hz〕
k　：波数〔rad/m〕= ω/c = $2\pi/\lambda$ （c：音速〔m/s〕, λ：波長〔m〕）
　　　　kx は位置に対する位相のずれ，λ は1周期（$T=1/f$）の間に波が進む距離

図3.6　音波の進行と任意の地点 x における音圧 P_x

$$P_x = P_{max}\sin(\omega t - kx) \quad \text{〔Pa〕} \tag{3.8}$$

式 (3.8) で，P_{max} は音圧の変化の最大値で単位は〔Pa〕（パスカル）です。ω は角周波数で単位は〔rad/s〕です。また k は波数〔rad/m〕です。

$$k = \frac{\omega}{c} \quad （c \text{ は音速〔m/s〕}） \tag{3.9}$$

$$= \frac{2\pi}{\lambda} \quad （\lambda \text{ は波長〔m〕}） \tag{3.10}$$

kx は原点から地点 x までの位相のずれを表す量です。式 (3.5) より $\omega=2\pi f$, また式 (3.6) より $c=f\lambda$ を用いて，式 (3.9) は式 (3.10) のように変形できます。

3.1.2項でも述べたとおり，〔Pa〕（パスカル）は圧力の国際単位であり，面積 $1\,m^2$ 当り $1\,N$（ニュートン）の力を受けたときの圧力です。大気の標準気圧は $101\,325\,Pa$ ですが，数値の桁数が多くわかりにくいので1パスカルの100倍の単位 hPa（ヘクトパスカル）を用いて $1\,013\,hPa$ としています。

3.2 音の速さは媒質によって異なる

音波の伝搬は空気中であれば気体分子がたがいに押されたり引っ張られたりしながら疎と密のパターンが移動していくというものでした。ばねの弾力が強ければ，押したり引っ張られたりという力は速く伝わり，弾力が弱ければゆっくりと伝わります。また，分子の質量が軽ければ小さな力で分子を動かすことができますが，質量が大きければ分子をなかなか動かすことができません。このように，音波が伝搬する速度は，媒質となる物質の特性によって異なるのです。

3.2.1 音の速さは媒質の特性によって決まる

音の速さ（「**音速**」という）は，音を伝搬する媒質の弾性率と密度によって決まります。媒質中を伝搬する音速は，音速 $=\sqrt{\dfrac{媒質の弾性率}{媒質の密度}}$ で表されます。それぞれのパラメータの意味は

- **弾性率**：媒質の硬さの尺度で，変形のしにくさを表す値です。弾性のある物体は力を加えられると変形しますが，どの程度の力を加えたら媒質がどの程度ひずむのか，加えた「力」を「ひずみ」で割った割合を弾性率といいます。

- **密　度**：単位体積当りの媒質の質量で，通常はキログラム毎立方メートル〔kg/m³〕を単位として使用します。

音速を c〔m/s〕とすると，圧力 P の気体の弾性率は，気体の比熱比 κ と圧力 P との積で与えられることから，速度はつぎの式で表されます。

$$c = \sqrt{\frac{\kappa P}{\rho}} \tag{3.11}$$

ここで，κ：気体の比熱比，P：気圧〔Pa〕，ρ：密度〔kg/m³〕です。

式 (3.11) より，音速は媒質の弾性率が高く（つまり硬い），質量が小さいほど速く伝わることがわかります。ばねと球体のモデルでいえば，ばねが硬くて球体の重さが軽いほど，音速が大きいことを示しています。

3.2.2 さまざまな媒質中を伝わる音の速度

音を聴くという能力は，自分の生存を脅かす捕食者の接近を離れた場所から
いち早く知り，身を守るために欠かせないものであることを，1章で説明しま
した。実際に，音はさまざまな媒質の中をどのような速度で伝搬するのでしょ
うか。

空気中を伝搬する音の速さは約340 m/s です。式 (3.11) で音速の計算式を
示しましたが，音速のパラメータである弾性率や密度は気温や湿度によって変
わります。気体の分子運動は温度が高くなれば激しくなり運動量も大きくなる
からです。空気中を伝わる音速は，つぎの簡易式で計算できます。

$$c = 331.5 + 0.6t \quad \text{[m/s]} \tag{3.12}$$

ただし，t は摂氏温度です。

例えば，式 (3.12) は摂氏25℃の環境であれば，$331.5 + 0.6 \times 25 = 340.5$ m/s
です。この空気中の音速が「**マッハ**」です。例えば，マッハ1で大気中を飛ぶ飛
行機は341 m/s で飛ぶことを意味しています。これを時速にすると，1 227 600
m/h で，約1 228 km/h です。多くの人が利用するジェット旅客機の巡航速度
は，おおよそマッハ0.80前後ですので，時速にすると $1 224 \times 0.8 = 982$ km/h です。
同じ気体でも，ヘリウム中の音速は970 m/s で空気の2.8倍の速さです。ま
た，水中での音速は1 480 m/s で，空気中の4.3倍の速さです。

現代の魚類で最速なのはカジキで，水中では100 km/h くらいの速度が出る
ようです。しかし，水中での音速は時速に換算すると5 328 km/h とその53倍
にも相当しますから，水中で音が聴こえることがいかに有利か，この速度の大
きさからもよくわかります。固体の鉄では，音速は5 290 m/s でこれを時速に
換算すると19 044 km/h です。これは大気中の音速の15.5倍に相当しますが，
現時点で大気圏内を飛ぶジェット戦闘機の最高速度は約マッハ3.2ですから，
鉄の中を進む音速は最速戦闘機の5倍程度ということになります。鉄内での音
の伝搬がいかに速いかがよくわかります。

3.2.3 衝撃波とソニックブーム

例えば，超音速機のようにマッハ1を超えて物体が移動すると，どんな音波が伝わってくるでしょうか。ジェット旅客機の巡航速度がマッハ0.80程度で抑えられていると説明しましたが，その理由の一つに，超音速で物体が移動したときに発生する「**衝撃波**」の問題があります。大気中で発生する衝撃波は，音源となる物体が音速を超える速度で移動した場合に発生します。大気中を高速で移動する物体は気体を押しのけながら動いていきますが，気体を押しのけるときに物体前面と気体が激しく衝突します。この衝突部分では気体が著しく「密」に圧縮され周りに伝搬していきますが，疎密波の速度は音速を超えることができません。

図3.7では，移動物体が音速を超えると衝撃波が発生するメカニズムを説明しています。この図では，円の中央にある航空機が左方向に移動することを想定しています。最初の時点で出た音が①，少し時間が経過して2番目に出た音が②，さらに時間が経過してから出た音が③で，それぞれが伝搬していきます。つまり，①は最も古い音，③は最も新しい音です。

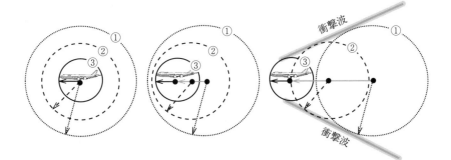

（a）音源は静止　　（b）音源はゆっくりと左移動　　（c）音源は超音速で左移動

図3.7　移動物体が音速を超えると衝撃波が発生する

図（a）は，航空機が静止している状態（現実世界では旅客機が静止することは考えにくいですが）です。この状態では，音は全方向に均等に広がっていきます。どの場所で音を聴いても，最初に①の音，つぎに②の音，③の音とい

う順に音が聴こえます。

　図 (b) は，音源となる航空機が音速に満たない速度で左方向に動いている状態です。図 (b) では音源自体が左方向に動いていますので，音源よりも前方（図では左側）では音速で進む音波を音源自体が追いかける形になって波長が圧縮され見かけ上の周波数が上がるため高い音に聴こえ，後方（図では右側）の音は逆に見かけ上の周波数が下がって低い音に聴こえます。この現象は**ドップラー効果**としてよく知られています。例えば，救急車がサイレンを鳴らしながら自分の前を通り過ぎるような場面では，救急車が近づいて来るときには高い音で「ピーポー，ピーポー」と聴こえ，自分の前を通り過ぎた途端低い音の「ピーポー，ピーポー」に変わる，という現象で，これは誰もが経験している事実です。

　さらに図 (c) は，音源である航空機が音速を超えて左側に移動しているので，航空機の前方（図では左側）に進もうとする音波は前方に進むことができません。その結果，航空機の前の部分で気体が高密度に圧縮され，この高密度の圧縮部分が伝搬していきます。これが衝撃波です。例えば地上にいる人がこの衝撃波を音として聴くと「ドーン」という轟音として知覚しますが，この音を**ソニックブーム**（sonic boom）と呼びます。

　世界経済のグローバル化に伴って，世界の各都市を短時間で移動したいという需要は大きくなっています。このような需要に応えるためには，超音速で航空機を飛ばして世界の主要な空港を結び，超音速ネットワークをつくる必要がありました。マッハ 2 という超音速で運行する旅客機「コンコルド」が，「ニューヨークとロンドンを 3.5 時間で結ぶ」を売りにして商用運行されていましたが，2003 年 11 月ですべての運行を終え，全機完全撤退となりました。超音速で飛行するコンコルドは燃費が非常に悪く，さらにソニックブーム問題によって人のいない海上でしか超音速運行ができないことが失敗の大きな原因でした。

★このキーワードで検索してみよう！　　★このキーワードで検索してみよう！

チェリャビンスク隕石 🔍

「チェリャビンスク隕石」で検索すると，2013年2月15日に地球に発生した隕石衝突の記事や写真，映像などがヒットします。

超音速航空機 🔍

「超音速航空機」で検索すると，失敗に終わったコンコルドの反省に基づき，さらなる超音速運輸に関するさまざまな技術がヒットします。

　もう一つ，2013年2月に衝撃波に関する，まさに衝撃的な事件が起きました。ロシア連邦ウラル連邦管区のチェリャビンスク州付近に隕石が落下し，その衝撃波によって地上で大きな被害が出たという大事件（天文現象）です。この隕石は直径約20メートルの小惑星であり，時速6万8400キロで大気圏に突入してきたと見られています。隕石は地上から約95キロの上空から衝撃波を発生させながら地上に向かって落下し，地球大気との激しい摩擦で燃え尽きましたが，最後に爆発したときの明るさは太陽の30倍にも達し，その放射熱で人々に火傷を負わせたそうです。そして閃光の後に地上に到達したのが猛烈な衝撃波でした。

　この衝撃波によって，4474棟の建物が損壊して多くの窓ガラスが割れました。このとき，割れたガラス片を浴びるなどで1491人が重軽傷を負いました。また，衝撃波によって単に窓ガラスが割れただけにとどまらず，窓枠が建物の中に押し込まれた状態になるほどでした。さらに，非常に強い衝撃波によって建物の中にいた人たちがばたばたと倒れていく様子が，監視カメラ映像で残されていました。チェリャビンスク隕石は，もともとは太陽の周りを回る直径2.2キロほどの小惑星から剥離した小片が地球に落下したものと考えられています。地球に接近する軌道をもつ天体を地球近傍天体（near-earth object, NEO）といいますが，2013年まで9910個のNEOが発見されており，そのうちの1408個は地球と衝突する可能性をもつ小惑星として警戒されています。

3.3 音の強さと測り方

音の強さは，媒質の圧力がどの程度変化するのか，その大小を表す物理量で表します。この章では，音の強さを表す指標として，音圧の実効値，音響パワーについて概説します。また人間が音を聴くとき，その大きさをどのように感じ取るのかについて，ウェーバー・フェヒナーの法則に基づいて説明します。

3.3.1 音圧の実効値

音圧の実効値を考える上で，音波は図3.5に示すような正弦波であると仮定します。媒質の圧力の変化が音であり，数学的に記述すれば図のように表されますが，この形式ではどの時点での音圧を調べるかによって音圧レベルが変化してしまいます。例えば，騒音レベルを計測しようとしても，時間とともに変化する量では不便です。このような場合には平均値の概念を導入したいところですが，正弦波を単純に平均すると1周期分でプラスの値とマイナスの値が打ち消しあってゼロになってしまいうまくいきません。そこで，このような場合，**音圧の実効値**という概念が導入されます。音の波形は，つぎの式で与えられたとします。

$$p = P_{\max} \sin \omega t \quad \text{〔Pa〕} \tag{3.13}$$

式 (3.13) で，$P_{\max}$ は音圧の変化の最大値，ω は角周波数です。この関数において，時間軸に沿って単純に加算したのではプラス部分とマイナス部分が相殺されてゼロになりますので，これを避けるために二乗平均平方根を用います。二乗平均平方根とは，個々の値を二乗した上で二乗値の平均を算出し，その平方根をとったものです。

音圧実効値を P とすると

$$P = \sqrt{\frac{1}{T} \int_0^T (P_{\max} \times \sin \omega t)^2 dt} = \sqrt{\frac{1}{T} \int_0^T P_{\max}^2 \times \sin^2 \omega t\, dt} \tag{3.14}$$

式 (3.14) で T は音波の1周期とします。この式をもう少し簡単にするため，

つぎのように変形します。

三角関数の加法定理によって

$$\cos 2\omega t = 1 - 2\sin^2 \omega t \tag{3.15}$$

したがって

$$\sin^2 \omega t = \frac{1}{2}(1 - \cos 2\omega t) \tag{3.16}$$

式 (3.16) を式 (3.14) に代入すると

$$P = P_{max}\sqrt{\frac{1}{T}\int_0^T \frac{1}{2}(1 - \cos 2\omega t)dt} \tag{3.17}$$

式 (3.17) の $\cos 2\omega t$ は 1 周期で積分すればゼロになるので

$$P = P_{max}\sqrt{\frac{1}{T} \times \frac{1}{2}\int_0^T dt} = P_{max}\sqrt{\frac{1}{T} \times \frac{1}{2} \times T} = \frac{P_{max}}{\sqrt{2}} \tag{3.18}$$

音圧の実効値は，式 (3.18) で示したとおり，音圧瞬時値の最大値をルート 2 で割った値となります。

3.3.2 　音響パワー：音響インテンシティーと音圧レベル（**SPL**）

音響パワー（sound power）とは，音源から放出される単位時間当りの音エネルギー量です。一方，音波の進行方向に垂直な面を通過する単位面積当りの音エネルギー量を，**音響インテンシティー**（acoustic intensity）と呼びます。つまり，音源を囲むすべての面における音響インテンシティーを積分すれば，音響パワーと一致することになります（**図 3.8**）。

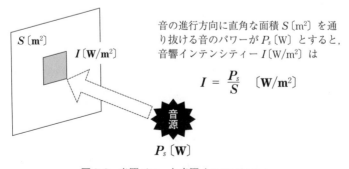

音の進行方向に直角な面積 S 〔m²〕 を通り抜ける音のパワーが P_s 〔W〕 とすると，音響インテンシティー I 〔W/m²〕 は

$$I = \frac{P_s}{S} \quad 〔\mathbf{W/m^2}〕$$

図 3.8 　音響パワーと音響インテンシティー

　ここで，音響パワーを P_s〔W〕，音響インテンシティーを I〔W/m²〕，音が通り抜ける面の面積を S〔m²〕とすると，音響パワー P_s は音響インテンシティー I と面積 S でつぎのように表せます。

$$P_s〔\text{W}〕 = I〔\text{W/m}^2〕 \times S〔\text{m}^2〕 \tag{3.19}$$

また，音響インテンシティーは，音圧 p と媒質粒子の速度 v との積としてつぎのように定義されます。

$$I = p \times v \tag{3.20}$$

　ここで，音圧 p と媒質粒子の速度 v との関係について考察してみましょう。図 3.9 に示すような，媒質でつくられた円柱を想定します。この媒質でできた円柱は，単位面積の底面をもち，密度が ρ で長さは媒質中を音が 1 秒間で進む距離 c と等しいとします。

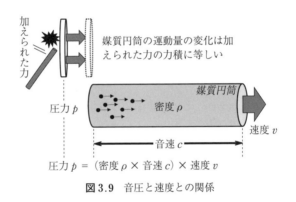

図 3.9　音圧と速度との関係

　この円柱の体積は「底面積」×「長さ」ですが，底面積は単位面積で 1 m² ですので円柱の体積は $1 \times c$〔m²〕。円柱の質量を M〔kg〕とすれば，M は「密度」×「体積」ですので ρ〔kg/m³〕×c〔m³〕です。静止している円柱の左側から力（圧力 p〔N/m²〕）が単位時間（1 s）だけ加えられた結果，円柱は右方向に速度 v〔m/s〕で動いたとします。このとき，円柱の運動量の変化は $mv - mv_0$ ですが初期の速度 v_0 はゼロですので，変化量は mv です。力積の法則〔加えられた力〕×〔時間〕＝〔運動量の変化〕により

$$p \times 1 = M \times v = (\rho \times c) \times v$$

したがって

$$v = \frac{p}{\rho \times c} \tag{3.21a}$$

式 (3.21a) を式 (3.20) に代入すると，音響インテンシティー I はつぎのように記述できます。

$$I = \frac{p^2}{\rho \times c} \ [\text{W/m}^2] \tag{3.21b}$$

式 (3.21b) は，音響インテンシティー I と音圧 p の関係を記述したものです。式 (3.21b) で媒質が大気の場合，定数の ρ および c はつぎのとおりです。

・大気密度 $\rho \fallingdotseq 1.29\,\text{kg/m}^3$（0℃の場合），$1.20\,\text{kg/m}^3$（20℃の場合）

・音速 $c = 331\,\text{m/s}$（0℃の場合），$344\,\text{m/s}$（20℃の場合）

また，大気温が 20℃の場合，式 (3.21b) はつぎの近似式で表されます。

$$I = 0.002\,4p^2 \tag{3.22}$$

人間の感覚と整合する音の強さの表現として，**音圧レベル**（sound pressure level, **SPL**）が使われます。基準となる音の音圧を $p_0\,[\text{Pa}]$，音響インテンシティーを $I_0\,[\text{W/m}^2]$ とすると

$$音圧レベル\ \text{SPL} = 10 \times \log\frac{I}{I_0}\,[\text{dB}] = 20 \times \log\frac{p}{p_0}\,[\text{dB}]$$

基準値である p_0 および I_0 としては，1 kHz で耳に聴こえる最小音に近いつぎの値が使われます。$p_0 = 2 \times 10^{-5}\,[\text{Pa}]$，$I_0 = 0.96 \times 10^{-12}\,[\text{W/m}^2]$。**表 3.1** は音の強さと音圧レベルとの対応関係です。

表3.1　音の強さと音圧レベルとの対応関係

音の強さ $I\,[\text{W/m}^2]$	音圧レベル SPL [dB]	音環境の例
1	120	ジェットエンジン近傍
0.01	100	電車のガード下
0.000 1	80	地下鉄電車内
0.000 001	60	ホテルのロビー
0.000 000 01	40	図書館
0.000 000 000 1	20	木の葉が擦れあう音
0.000 000 000 001	0	可聴限界

3.3.3 ウェーバー・フェヒナーの法則

夜中の静まり返った中でヒソヒソ話をすると小さな声で話してもよく聴こえる，逆に，交通量の多い幹線道路の歩道で立ち話をすると大きな声を出しているのによく聴こえない，このような経験は誰にでもあるのではないでしょうか。エルンスト・ウェーバー（Ernst Heinrich Weber）は，被験者におもりをもたせ，その重さを変化させていったときにおもりの重さが変わったかどうかを弁別させる実験を行いました。その結果，例えば 100 g のおもりが 110 g になったときに「重くなった」と感じた被験者に，今度は 1 000 g のおもりをもたせ，1 010 g まで 10 g 増やしても「重くなった」とは感じないことがわかりました。被験者にある刺激 R を与えてそれを変化させていった場合，刺激が $R + \Delta R$ になったときに被験者が刺激の変化を弁別できるなら，その変化分の最小量である ΔR を**弁別閾**といいます。つまりウェーバーは，弁別閾 ΔR が変化前の刺激 R に依存することを発見しました。

$$\frac{\Delta R}{R} = C \ (\text{一定}) \tag{3.23}$$

式 (3.23) が**ウェーバーの法則**です。ウェーバーの法則が意味するところは，元の刺激の強さ R が 10 倍の $10R$ になったら，刺激量の変化 ΔR も 10 倍の $10\Delta R$ にしなければ刺激の変化を弁別できないということです。

ウェーバーの弟子であるグスタフ・フェヒナー（Gustav Theodor Fechner）はウェーバーの法則を発展させ，心理的な感覚量は，刺激の強度そのものではなく，刺激の対数に比例して知覚されることを発見しました。

$$E = K \log_{10} I \tag{3.24}$$

ここで，E：感覚の大きさ，K：比例定数，I：刺激の強さ，です。

式 (3.24) が**ウェーバー・フェヒナー**（Weber-Fechner）**の法則**です。ウェーバー・フェヒナーの法則は人間の知覚が対数で表されることを示すため，例えば，音の大きさが 2 倍に聴こえるようにするためには，音源の音の大きさを 100 倍（つまり 10^2 倍）にしなければならないことを示しています。ウェーバー・フェヒナーの法則は，聴覚のみならず視覚などさまざまな感覚にも当てはまります。

3.4 音には波としてのこんな性質がある

音は波動であることを説明しましたが，音は壁で反射する，音は狭い入り江の奥まで入り込んでくる，音は路地の奥まで伝わってくるなど，波に特有の性質があります。この節では，音波が発生する仕組みについて説明するとともに，波動特有の現象である反射/屈折/回折/干渉について概説します。

3.4.1 音を発生させる3種類の仕組み

音波を発生する源を**音源**といいますが，媒質中に疎密のパターンを生じさせるものはすべて音源となります。一般に，音を発生させる仕組みには，大きく分けるとつぎの3種類があります。

(1) **媒質に接している物体の面が振動することによる音：**

　　多くの場合，媒質の中に置かれた物体の面は媒質と接しています。この物体表面が振動することによって，この表面と接する媒質が圧縮・伸長されることで密/疎のパターンが形成され，音波が発生します。ここで発生した音波は，媒質中を音速で伝わっていきます。個体の物体をたたいたときの音，太鼓などの打楽器や弦楽器が発する音，またスピーカーやヘッドホンの音などが代表的な例です。

(2) **媒質の流れや物体の急速移動などによる媒質の周期的乱れによる音：**

　　例えば，われわれ人間の声を考えてみましょう。人間の声は，肺から空気が流れ出す経路である気管の途中に，その流れを妨げるような隙間（声帯）が存在することで発生します。人が発声する場合，この声帯の隙間の幅を周期的に変化させますが，隙間を広げたときには多量の空気（媒質）が出て密度が高くなり，隙間を狭めたときには空気の量が減って密度が低くなります。この隙間の幅の周期的な変化によって空気に周期的乱れが発生し，これを音源としてわれわれは声を出しています。このタイプの音源には，発声の他にも管楽器やサイレンなどが該当します。

(3)　媒質の急激な膨張・収縮による音：

　　例えば，花火のバーンという音や，雷のゴロゴロという音，静電気のパチパチという音などは固体が振動して音を発生しているわけではありません。これらの音は，空気が急激に膨張・収縮することが原因となって空気の振動が起こるために発生する音です。このタイプの音源には，花火，雷，静電気の他にも，拍手や爆竹などの音などが含まれます。

3.4.2　風が吹く音：カルマン渦

　童謡「たき火」には「... きたかぜ♪　ぴいぷう♪　ふいている♪」という歌詞が出てきますが，実際に冬の嵐などで強い風が吹くと電線やベランダの辺りで「ピュー，ピュー」と音が鳴ることがあります。この音が発生する理由は，電線やベランダの手すり自体が振動して音源となっているからではありません。強い風が棒状の障害物にぶつかると，空気が障害物によって二つの流れに引きちぎられ，障害物の後方に気流の乱れが生じるからです。

　棒状の障害物の後ろでは，左右交互に一定間隔で渦が発生します。これが**カルマン渦**です（**図3.10**）。この左右交互のカルマン渦の生成/消滅によって空気の疎密パターンが形成され，「ぴゅー」という音を発生するのです。空気の流速，つまり風が弱い場合には低い周波数のカルマン渦が発生し，風が強くなるとカルマン渦の周波数も上がっていきます。カルマン渦によって，電線がう

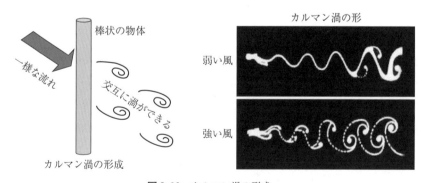

図3.10　カルマン渦の形成

なったりベランダの格子が音を立てますが，この他にも，例えば川の杭にひっかかった水草が左右にゆれるなどもカルマン渦のためです。カルマン渦による振動は車や飛行機など高速で移動する物体でも発生し，車両の横揺れ振動を引き起こす原因ともなります。

3.4.3 波の回折現象

道の曲り角や物陰など，障害物の裏に隠れていても相手の話し声が聴こえるということはよく経験します。もし音波が直進しかしないのであれば，物陰に隠れてしまえばその音は聴こえないはずですが，実際には物陰でも音は聴こえてきます。これが音波の「**回折**」という現象です。波の直進を阻む障害物の物陰にも音が回り込んで伝わっていく現象が回折であり，波長が長く低い音ほど障害物の影でもよく聴こえます。一方，同じ壁の陰であっても，人の声は回り込んでくるのに光は回り込んできません。光も音と同じように波の性質をもっているのですが，このような違いの原因はなんでしょうか？ 音波と光波の大きな違いはその波長にあります。

大気中での音速は約 340 m/s ですので，1 kHz の音波の波長は 0.34 m です。一方，光の速度は約 30 万 km/s であり，最も明るい緑色の波長は 0.48×10^{-6} m です。大まかに比較すると，光波の波長は音波の波長の 100 万分の 1 程度です。波の回折の大きさは，波の波長と比例します。光の波長は非常に短いため，音波と同じレベルでは回折せず，直進性が非常に高いのです。光の影がくっきりと出るのもこの直進性の高さ，つまり回折のしにくさに起因しています。音波であっても，例えば超音波のような波長の短い音波は直進性が強く，壁の陰には波が回り込みにくくなります。また，波長が非常に短い光でも，例えば電線に当たった光が後ろに若干回り込むなど，障害物の陰にわずかな光の回り込みが見られます。

なぜ回折現象が起こるのかについては，**素元波**のモデルで説明できます（**図 3.11**）。素元波とは，ホイヘンスの原理で「ある瞬間における波面上の各点が新しい波源となって球面波（素元波）が生じ，これらの素元波に共通に接する

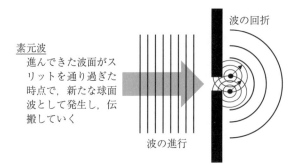

図3.11 素元波モデルによる波の回折現象の説明

面がつぎの瞬間の波面となる。」というものです。

　波が壁に向かって進行してきた場合，壁にあいたスリットを波が通り抜けて回折する場合の現象を考えてみます。ホイヘンスの素元波によれば，スリット部分を点音源が並んで進み，スリットを抜けた波面上の点音源それぞれが新たな波を発生し，そこから放射状に広がっていきます。スリットを通り抜けた点音源のいくつかの波はたがいに重ね合わされ，波の位相がそろった箇所は強め合い，位相がずれた箇所は弱め合いながら，新たな波面が壁の向こう側に拡がっていきます。これが波の回折現象です。各点音源からさまざまな方向に広がった波ですが，波長が短い場合には波の進行に伴ってすぐに位相がずれるため，スリットに向かっていた波の進行方向以外の斜めの方向に進んだ波はたがいに打ち消し合います。一方，波長が長い場合には位相のずれが小さく，波は打ち消されずに進んでいきます。このような理由で，波長の長い波ほど大きく回折するのです。

3.4.4　波の屈折現象

　例えば，水を満たしたコップにストローを入れて上から見ると，ストローは折れていないのに水面付近で折れているように見えます。もちろん，ストローをコップから取り出せばどこも折れてなく，まっすぐであることを確認することができます。

伝搬速度が異なる2種類の媒質が接している面に対し斜めに波が入射するとき，波の進行する方向が変化します。これが波の「**屈折**」という現象です。

　波が進む速さは，媒質の種類によって変わることをすでに説明しました。空気中での音速は約340 m/s，水中での音速は約1 500 m/s で水中のほうが音速が速いです。**図3.12** では，丸の列で示した波面（光波）は空気中を進み，水面から水中に入り，進んでいきます。このとき，水面付近の波列に含まれる素元波に着目すると，空気中を進む素元波はそれまでと同じ遅い速度で進みますが，先に水中に入った素元波は速い速度で進みます。このため，空気中にある素元波よりも水中にある素元波のほうが先に進み，波列は水面の方向に屈折します。

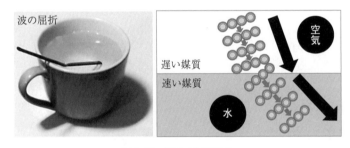

図3.12　波の屈折現象

　波の屈折を数理的に考察してみましょう。**図3.13** に示すように，2種類の媒質が接しており，ここを波が進んで来る状況を考えます。図3.12 とは逆に，図3.13 では上側が音速の速い媒質1，下側が音速の遅い媒質2です。波面は最初に媒質1を速度 v_1 で進んで来て，境界面を通過した後に波面が屈折して媒質2に入り，速度 v_2 で進んでいきます。波面が媒質1中をBからDまで進むのに要した時間（および媒質2中をAからCまで進むのに要した時間）を t とします。

　入射角 θ_1 は，$\theta_1 = 90 - \angle\mathrm{PAB}$ であり，$\angle\mathrm{BAD} = 90 - \angle\mathrm{PAB}$，したがって

$$\theta_1 = \angle\mathrm{BAD} \tag{3.25}$$

また角 θ_2 は，$\theta_2 = 90 - \angle\mathrm{CAD}$，また $\angle\mathrm{ADC} = 180 - 90 - \angle\mathrm{CAD}$ なので

$$\theta_2 = \angle\mathrm{ADC} \tag{3.26}$$

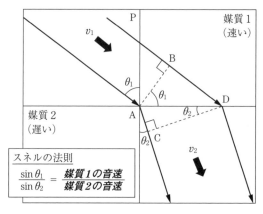

図 3.13 屈折率とスネルの法則

ここで

$$\sin \theta_1 = \frac{BD}{AD} \tag{3.27}$$

$$\sin \theta_2 = \frac{AC}{AD} \tag{3.28}$$

式 (3.27) および式 (3.28) より

$$\frac{\sin \theta_1}{\sin \theta_2} = \frac{BD/AD}{AC/AD}$$

したがって

$$\frac{\sin \theta_1}{\sin \theta_2} = \frac{BD}{AC}$$

ここで，BD $= v_1 t$，AC $= v_2 t$ なので

$$\frac{\sin \theta_1}{\sin \theta_2} = \frac{v_1 t}{v_2 t} = \frac{v_1}{v_2} \tag{3.29}$$

式 (3.29) が**スネルの法則**（Snell's law）です。スネルの法則は，波動の屈折現象における二つの媒質中の進行波の伝播速度と入射角・屈折角の関係を表した法則です。遅い媒質から速い媒質に進行する波は水平方向に屈折し，逆に速い媒質から遅い媒質に進行する波は垂直方向に屈折します。

3.4.5 波の反射現象

波が二つの異なる媒質の境界面に進行してきた場合，屈折して進行していくことを説明しました。しかし，波の一部は異なる媒質の中に進行せず，境界面で反射します。波の進行方向と境界面の法線とのなす角が**入射角**，反射した波の進行方向との角度が**反射角**です。波が境界面に当たって反射する場合，入射角と反射角は必ず等しく，これを**反射の法則**と呼びます。媒質の境界での音波の反射の程度は，各媒質の密度と音速の積によって決まります。この媒質の密度と音速の積は媒質固有の特性量で「**固有音響インピーダンス**」と呼びます。媒質の密度を ρ 〔kg/m³〕，媒質中での音速を c 〔m/s〕とすれば，固有音響インピーダンス Z は

$$Z = \rho \,〔\mathrm{kg/m^3}〕 \times c \,〔\mathrm{m/s}〕 = \rho \times c \,〔\mathrm{kg/(m^2 \cdot s)}〕$$
$$= \rho \times c \,〔(\mathrm{Pa \cdot s)/m}〕 \tag{3.30}$$

2 種類の媒質の固有音響インピーダンスの差の大きさに比例して，境界面での波の反射率が大きくなります。境界面に入射した音の音圧 p_1 と反射した音の音圧 p_2 との比 R を**反射係数**と呼びます。

$$反射係数\ R = \frac{反射音圧\ p_2}{入射音圧\ p_1} \tag{3.31}$$

反射計数 R を音響インテンシティー I を用いて記述すると，$I = p^2/\rho c$ なので入射波のパワー密度 I_1 と反射波のパワー密度 I_2 は

$$\frac{I_2}{I_1} = R^2 \tag{3.32}$$

反射せずに透過する波についてはつぎのように記述されます。

$$\frac{I_2}{I_1} = 1 - R^2 \tag{3.33}$$

音波が空気中から進行して水面に当たったときの R は +1 に近いことが知られています。したがって，例えばプールサイドから水中にいる人に向かって叫んでも，叫び声の大部分は空気中に反射してしまい水中の人へはほぼ伝わりません。逆に水中で発した音が水面に当たったときもほとんどが反射して空気中にはほとんど出てきません。

3.4.6　波の干渉と共振

　二つの音が重なるとき，両方共に正の音圧であれば，たがいに強め合ってさらに大きな音圧が発生します。また両方とも負であれば，負の方向に強め合って大きな音圧が発生します。しかし，片方が正でもう一方が負であれば，それらはたがいに打ち消し合って音圧は小さくなります。つまり，二つの音の位相が一致したときに最も強め合い，180°ずれたときに最も弱め合います。複数の音源から音が広がる場合，各音源からの距離の差によって，強め合う場所と弱め合う場所が発生することで「**干渉縞**」が発生します。周波数がわずかに異なる二つの音を重ね合わせると「**うなり**」という現象が発生します。二つの音の周波数がわずかに異なると，ある瞬間に波同士が強め合ったとしても，このタイミングは徐々にずれていき，今度は弱め合うようになります。さらに時間が経過すると，再びタイミングが合って波同士が強め合います。これが繰り返されるのが「うなり」です。

　物体の固有振動数と同じ振動を外部から加えると，小さな振動を与えた場合でも非常に大きな振幅で振動します。このような現象を「**共振**」と呼びます。音が媒介して共振が起こる現象が「**共鳴**」です。例えば，同じ固有振動数をもつ二つの音叉を離して並べ，片方を鳴らすともう一方も鳴り始めます。これは，たたかれた音叉が発した音波が空気を伝わって隣の音叉に届き，この音波がもつ小さな音響パワーに音叉が共振したことで音が鳴るのです（**図3.14**）。共振によって，物体に加えた力は小さくても非常に大きく振動します。共振に

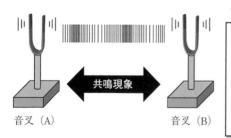

音叉（A）　　　　　音叉（B）

★このキーワードで検索してみよう！

タコマナローズ橋事故 🔍

「タコマナローズ橋事故」で検索すると，この崩落事故の解説や当時の映像などがヒットします。

図3.14　二つの音叉が音波を介して共振するのは共鳴現象

よって振動しやすい周波数を「**共振周波数**」と呼びます。共振では小さな力でも大きな振動が起こるため，共振を起こした物体で破損が生じたりします。共振によって物体が破壊された例として広く知られているのが，1940 年 11 月 7 日にアメリカのワシントン州で起こったタコマナローズ橋の崩落事故です。この日は朝から吹いていた風で橋が振動していましたが，風速が 19 m/s という設計上の耐風速を大幅に下回る風速において共振が発生し，橋には上下の激しい振動やねじれが起こり，橋桁のケーブルがちぎれて崩落してしまいました。

4

われわれは音をどのように聴いているのか？

4.1 人間の耳の仕組み

人間の聴覚は，20〜20 000 Hz の周波数帯域をカバーし，音圧レベルでは 20 µPa〜20 Pa までの 100 万倍のダイナミックレンジをもつ非常に高性能な器官です。一方，われわれが「音」といっているものは，感覚的に「聴こえた」と脳の中で感じた結果であり，われわれのまわりに存在する物理現象としての音波とはいろいろな面でギャップがあります。音を聴くという行為には，大まかにいえばつぎに示す 3 段階があります。

(1) **物理的な現象としての音波とは**：

騒音計などで測定できる音で「音圧レベル××デシベル」「周波数○○ Hz」などと客観的に表現できる「物理レベルの音」

(2) **感覚器で受容する音とは**：

物理的な音の信号が耳に入って鼓膜を振動させ，その鼓膜の振動が中耳の耳小骨および内耳の蝸牛（かぎゅう）にある有毛細胞で電気パルス信号に変換されて脳へ送信される「生理レベルの音」

(3) **脳が認知する音とは**：

聴神経を通じて送られてきた音の電気パルス信号を脳で受信し，脳内でさまざまな情報処理が行われた結果としてはじめて意味のある音として理解される「認知レベルの音」

このように，耳に入ってくる物理的な音圧とわれわれが「聴こえた」と感じ

る音はイコールではありません。

4.1.1 耳の解剖学的な構造

人間の耳は，その構造として外側の耳介（耳たぶ）から順に外耳/中耳/内耳に分類されています。外耳から入った音は，中耳にある**鼓膜**を振動させ，その振動はツチ骨→キヌタ骨→アブミ骨を経由して内耳の蝸牛内にある聴覚の神経細胞に到達し，これを刺激します。耳介で集められた音波は外耳道を通り，中耳の入口にある鼓膜を振動させます。鼓膜の振動は，ツチ骨→キヌタ骨→アブミ骨へと伝搬しますが，鼓膜と三つの耳小骨により音圧が約22倍（約30 dB）にも増幅されます。ここで増幅された音の振動は内耳にある蝸牛の中のリンパ液中を伝搬しながら，音の受容器である有毛細胞に伝えられます（**図4.1**）。

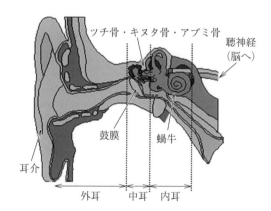

図4.1 耳の構造

内耳は，カタツムリに似た形をしているため蝸牛と呼ばれています。蝸牛は渦巻管になっており，その管の中は前庭階，中央階，鼓室階の3階層構造になっています。蝸牛管はリンパ液で満たされており，蝸牛に伝達された音の振動が有毛細胞を刺激し，これが電気的信号に変換されて脳に伝えられます。

4.1.2 外耳の仕組み：音波を回折させる耳介と外耳道

外耳は，音波の入口である耳介から始まり，**外耳道**から鼓膜に至る区間です。**耳介**には，進行してくる音波を回折させる機能がありますが，音波がどの

ように回折するかは，音源の位置と頭や顔の形状および耳介との相互作用によって変化します。この耳介の機能によって，われわれはいま聴いている音がどちらの方向から来たのかを判断できるのです。外耳道は鼓膜を終端とする管を形成し，平均的な寸法は，長さ 2 cm，内径 7 mm で，2 500～3 000 Hz 付近に共振周波数があります。

4.1.3　中耳の仕組み：音波を振動に変える鼓膜と3種類の耳小骨

中耳は，鼓膜と内耳の間にある空気で満たされた区間です。鼓膜は厚さ 0.1 mm の薄い膜で，実効面積が約 50 mm^2 程度であり，空気の疎密が鼓膜で振動に変換され，さらに耳小骨の振動に変換されていきます。鼓膜の振動は，中耳にある 3 個の**耳小骨，槌**（ツチ）**骨/砧**（キヌタ）**骨/鐙**（アブミ）**骨**を経由して内耳の前庭窓（ぜんていそう）に伝えられます。耳小骨による振動の伝達過程では，音圧が約 30 dB も増幅されるとともに，大きな音圧は抑制されて内耳を保護する役割を担っています。例えば，外耳道が閉鎖してしまうなど，音波が中耳を経由して蝸牛に伝達できなくなった場合でも，60 dB 以上の大きな音であれば，頭蓋骨が振動してその振動が蝸牛にも伝わるため，まったく音が聞こえなくなることはありません。

4.1.4　内耳の仕組み：振動を電気信号に変換する蝸牛と聴覚神経細胞

内耳は，三半規管，前庭，蝸牛から構成されています。内耳はリンパ液で満たされた先の閉じた細長い管で，3 回半ほど巻かれた渦巻形の器官です。カタツムリのように見えるので蝸牛と呼ばれています。**図 4.2** は，蝸牛の内部構造（渦巻部分を伸ばした図）を模式的に示した図です。

蝸牛管の内部は上から**前庭階，うずまき細管（中央階），鼓室階**に分かれています。うずまき細管（中央階）と鼓室階は，共にリンパ液で満たされています。また，上部の前庭階と下部の鼓室階は蝸牛管の先端部（最も奥の部分）でつながっており，音波は前庭階からこのヘアピンカーブを通って鼓室階に抜けていく構造となっています。中層階にはうずまき細管（中央階）があります

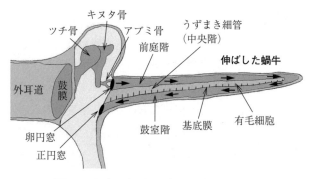

図 4.2 蝸牛の内部構造（渦巻を伸ばした図）

が，ここと鼓室階との間に**有毛細胞（聴細胞）**が敷き詰められた**基底膜**が存在します。前庭階の入口部分（アブミ骨と前庭階との接合部分）には**卵円窓**（らんえんそう）があり，鼓室階の出口部分（鼓室階と中耳空間との接合部分）には**正円窓**（せいえんそう）があります。外耳道から入って鼓膜を振動させた音波は中耳の耳小骨で増幅され，卵円窓にその振動が伝達されます。

卵円窓に伝えられた耳小骨の振動は，前庭階のリンパ液の振動として蝸牛内を伝搬していきます。一方，鼓室階とうずまき細管との間には，多数の有毛細胞（聴細胞）が生えている基底膜があります。上層階である前庭階のリンパ液の中を伝搬する音波は，リンパ液の中を進行しながら下層階にある基底膜に振動を与えます。この振動によって基底膜が波打つことで有毛細胞が興奮し，電気信号を発生して脳に伝達するのです。有毛細胞には，外有毛（音を感知する）と内有毛（音の信号を脳に伝える）の2種類の細胞がありますが，それらを合わせると 15 000〜20 000 個の有毛細胞が音を聴いています。外有毛細胞には興奮によって伸縮するという性質があります。小さな音に反応するときには，その音に合わせて伸縮して基底膜の振動が増幅されるため小さな音でもよく聴こえます。

基底膜の幅は蝸牛管の入口から奥に行くほど広くなっているため，音の周波数が低いほど蝸牛管の奥側で共振が起こりやすくなっています。基底膜の幅は，入口付近で約 0.04 mm，最も奥側では約 0.5 mm で細長い台形です。音波

に含まれる周波数成分は，それぞれ最も共振を起こしやすい場所において基底膜を大きく震動させます。つまり有毛細胞は，場所ごとに分担する周波数が決まっており，そのために振動を感知できる周波数が限定されているわけです。このように，それぞれの周波数帯を分担する有毛細胞が，それぞれその共振が起きやすい場所に見事に配置されているわけです。前庭階の入口付近には周波数が高い高音域を担当する有毛細胞が配置され，奥に向かってだんだんと低い周波数を担当する有毛細胞が配置されています。

4.2　聴覚の感度は音の周波数によって変わる

　われわれが音を聴く能力は全可聴帯域にわたってフラットというわけではなく，音の周波数によって聴覚の感度が大きく異なります。この節では，人間がさまざまな周波数の音をどのようにして聞き分けるのかを，聴覚フィルタというモデルで説明します。また，聴覚の感度が周波数に応じで変化する原理を，等ラウドネス曲線を用いて説明します。さらに，音が干渉することで発生するうなりについても述べます。

4.2.1　聴覚フィルタ

　基底膜に配置されている有毛細胞は，それぞれの配置場所によって感知できる振動の周波数が限定されていることをすでに説明しました。このことは，聴覚器官が，複数のバンドパスフィルタで構成されていることを示しています。各バンドパスフィルタは，自分が受け持つ音波の周波数について，感知する中心周波数とバンド幅の広がりをもっています。このようなフィルタを「**聴覚フィルタ**」と呼んでいます。人間の聴覚系は24個の聴覚フィルタをもっていると考えられています。

　図4.3は，聴覚フィルタの概念を示したものです。人間の聴覚には，低音から高音にかけて24個のフィルタがあり，それらが基底膜上に並んでいます。各フィルタには，それぞれが感知する周波数帯ごとの中心周波数があり，中心

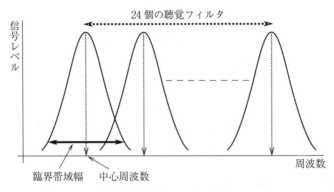

図 4.3 聴覚フィルタの概念

周波数の近傍に**臨界帯域幅**があります。臨界帯域幅とは，各フィルタが通過させる音波の周波数の上限と下限です。臨界帯域のバンド幅は一定ではなく，中心周波数が高くなるに従ってバンド幅も大きくなる，というように変化します。この聴覚フィルタ群の働きによって，われわれは多様な周波数の音の違いを聴き分けることができるのです。

聴覚フィルタに複数の音が入力された場合，つぎに示すような特徴が現れます。

(1) 聴覚器に複数の音波が入力されたとき，それらが一つの聴覚フィルタの臨界帯域幅の範囲内であれば，各成分が干渉して「うなり」を感じる。

(2) 聴覚器に複数の音波が入力されたとき，その周波数の差が大きく一つの聴覚フィルタの臨界帯域幅を超えた（バンド幅に入らない）場合，各音波は別々の音として認識され，「うなり」は感じない。

(3) 聴覚器に複数の音波が入力されたとき，一つの聴覚フィルタ内の臨界帯域幅の範囲で「うなり」を生じた場合に「不協和音」と感じ，「うなり」を生じなければ「協和音」と感じる。

4.2.2 等ラウドネス曲線：聴覚感度の周波数特性

人間が感じる音の強さ（音圧レベル）は，周波数によって異なります。1 kHz の純音（正弦波）を基準音として，音の周波数を変化させた場合，基準音と等

しい大きさであると感じた音圧をプロットしたグラフを「**等ラウドネス曲線**」といいます。耳で聴くことのできる最小の音圧を**最小可聴値**といい，最大の音の強さを**最大可聴値**といいます。最小可聴値および最大可聴値は，音の周波数によって異なります。

　図 4.4 は，国際標準 ISO 226:2003 として規定されている等ラウドネス曲線です。縦軸は音圧レベル〔dB〕，横軸は周波数〔Hz〕です。各曲線に付記された数値は，基準音の音圧レベルです。例えば，100 phon は刺激音として提示された音の音圧レベルが 100 phon である，ということを意味します。〔phon〕という単位は，1 000 Hz の純音で測定した音圧レベルのデシベル値です。人間の聴覚は，物理的に与えられる音圧レベルが同一でも，音の周波数が変化すれば知覚される音の大きさ（ラウドネス）が異なります。等ラウドネス曲線は，さまざまな周波数の音圧レベルを評価したとき，1 kHz の基準音と等しいと感じた音圧レベルを周波数と音圧レベルのマップとして等高線で結んだものです。

　図 4.4 を見ると，どの曲線においても 2 kHz から 4 kHz の周波数帯に下限の

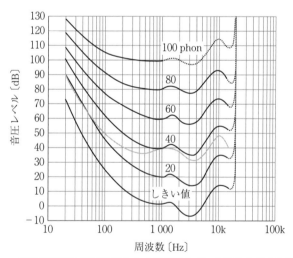

国際標準 ISO 226:2003 として規定されている等ラウドネス曲線
（改訂版，40 phon のアミ線はオリジナル版）

図 4.4　等ラウドネス曲線

ピークが現れています。つまり，この
周波数帯の音は音圧レベルが低くても
聴こえる，すなわち感度が高いことを
示しています。一方，低音域では音圧
レベルの感度が大きく下がることがこ
のグラフからわかります。

★このキーワードで検索してみよう！

低周波騒音	🔍

「可聴音域外の音は聴こえるのか？」と
いう質問がよくあります。「低周波騒音」
で検索すると，20 Hz 未満の音に関する
さまざまな話題がヒットします。

　図4.4中の，100 phon というかなり
大きな音を刺激として提示したデータ（一番上の曲線）では，低音域から高音
域までの比較的広い周波数において比較的平たんな特性です。一方，例えば
20 phon という小さな音を刺激として提示したデータでは，低音域における感
度が大きく低下していることがわかります。

　例えば，オーディオ装置で音楽鑑賞をしている場面を想定すると，昼間に大
きな音量で聴いているときには低音域から高音域までどの楽器もバランスよく
聴こえるのに，夜間に小さな音量で聴いているときには，低音と高音のボ
リューム感が不足気味でバランスの悪い音に聴こえます。これは，オーディオ
装置のアンプが不良というわけではなく，図4.4に示すような聴覚特性が原因
で，低域と高域が共に不足気味の音に聴こえるのです。オーディオ装置に附属
する「ラウドネス機能」は，このような聴覚の感度変化を補正することを目的
として装備されています。

4.2.3　波のうなり

　「ゴォーン，ウォン，ウォン，ウォン，...」というお寺の鐘の音は，特に年
末年始においては日本人の心に響く風物詩かもしれません。ただ，最近は「深
夜に鐘を鳴らすのは近所迷惑」という理由で「除夜の鐘」を中止する寺も増え
つつあるようです。「除夜の鐘」の賛否は別として，ここで注目してほしいの
は「ゴォーン，ウォン，ウォン，ウォン，...」の後半，「ウォン，ウォン，
ウォン，...」の部分です。この心に響く余韻が発生する理由は，鐘の形が完全
な回転対称ではないため，鐘から発せられる音の周波数（振動数）に若干のず

れが発生するため，と考えられています。

　周波数がわずかに異なる二つの音波が発せられた場合，各音の周波数の差に相当する周期で音の強弱が繰り返し聴こえます。このようにわずかに異なる周波数の音が干渉するときに生じる，音の強弱の周期的な繰返しを「**うなり**（beat）」といいます。うなりが発生しているときには，周波数がわずかに異なる二つの波が干渉することで，振幅がゆっくり周期的に変化する合成波が発生しています。二つの音の周波数が大きく異なる場合，両者は別の二音として聞こえ，うなりは聴こえません。

　図 4.5 は，波のうなりを示したグラフです。図で，縦軸は音圧レベル，横軸は時刻です。黒実線は一つ目の正弦波 X_1，その上の灰色実線は X_1 よりも少し周波数の低い正弦波 X_2 です。最も上の破線 X は，波 X_1 と波 X_2 を加えた波です。X_1 と X_2 の周波数のずれに応じて，X にうなりが生じている様子がわかります。

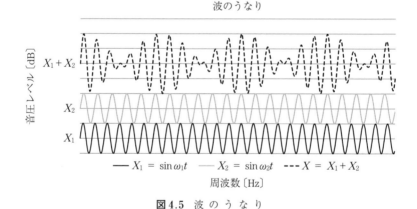

図 4.5 波 の う な り

　波動のうなりについて考察するため，周波数が異なる二つの波 X_1 と X_2 を考えます。

$$X_1 = \sin\omega_1 t \tag{4.1}$$

$$X_2 = \sin\omega_2 t \tag{4.2}$$

$$X = X_1 + X_2 = \sin\omega_1 t + \sin\omega_2 t = \sin 2\pi f_1 t + \sin 2\pi f_2 t \tag{4.3}$$

式 (4.3) に以下の三角関数の積和公式

$$\sin A + \sin B = 2\sin\frac{A+B}{2}\cos\frac{A-B}{2} \qquad (積和公式)$$

を適用すると

$$X = X_1 + X_2 = 2\sin\left(2\pi\frac{f_1+f_2}{2}t\right)\cos\left(2\pi\frac{f_1-f_2}{2}t\right) \qquad (4.4)$$

うなりの周波数は，二つの波の差の絶対値$|f_1-f_2|$で与えられるので，式 (4.4) の余弦項にうなりの周波数f_1-f_2が現れているのがわかります。ギターの弦を音叉を使ってチューニングする場合，うなり現象が使われています。弦のチューニングでは，はじめは大雑把に音叉の音と弦の音が近づくように耳で音を聴きながら弦の張力を調整していきますが，仕上げ段階の微調整ではうなりがなくなるように弦の張力を微調整します。鐘の音やギターのチューニングなど，うなりは実に生活に密着して身近な現象であることがわかります。

4.3 人間はどんな音をどのように聴いているのか？

われわれの体内では，きわめて高度で複雑な情報処理が同時並行で進行しています。体に張り巡らされた多数のセンサで収集した情報は，絶えず集約されて脳に集められ，あるいは体の細胞同士による直接のコミュニケーションが行われてわれわれの心と体が維持されています。感覚情報の処理においても，聴覚は聴覚だけ，視覚は視覚だけ，というような機械のような処理が行われているわけではなく，さまざまな感覚器の情報は相互に影響を及ぼし合い，最終的には統合されて意味のあるものにするのがわれわれの脳です。一つの感覚情報においても，われわれは外界の物理的な信号をそのまま知覚するわけではありません。

4.3.1 人間の可聴域と動物の可聴域

われわれにはどの程度の範囲の音が聴こえているのでしょうか。人間が音を

感知できる範囲，すなわち**可聴域は約 20～20 000 Hz** です。この範囲から外れて人間には聴こえない高音を「超音波」といい，聴こえない低音を「超低周波音」といいます。われわれがコミュニケーションする上で大切な人間の声の基本音は，おおよそ 100～400 Hz の周波数帯に入っています。成人男性の声の基本周波数は平均 125 Hz，標準偏差は 20.5 Hz，女性の声の基本周波数は平均 250 Hz，標準偏差は 41 Hz です。また，小学生程度の子供については男女差がほとんどなく，基本周波数は 300 Hz 程度であることがわかっています。**図 4.6** はさまざまな動物の可聴域を示したものです。図の一番上が人間の可聴域です。人間の可聴域に比べ，犬や猫などの哺乳動物は広い可聴域をもっています。また，イルカやコウモリは，本書の 1 章でも述べたとおりエコーロケーションを行う動物であるため，人間よりもはるかに広帯域の音波を使っていることが，このグラフからもわかります。

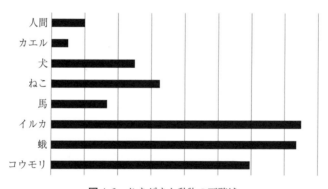

図 4.6 さまざまな動物の可聴域

　最近では増加傾向にある，ヘッドホンによる大音量の継続使用による若年性難聴は，聴細胞の損傷を助長することが知られています。この難聴では 4 000 Hz くらいの高い音が聴こえなくなります。これを放置すると聴こえない帯域は徐々に広がっていきます。聴細胞は一度損傷を受けると再生せず，難聴は一生治ることはありませんので，本書の読者にはくれぐれも注意してほしいと思います。

4.3.2　モスキート音

　人間の可聴域は，加齢に伴って低下していきます。特に高音域での感度が顕著に低下することが知られています。これは，高周波に反応する聴細胞がうずまき細管の入口付近に配置されており，この部分はつねに音波の振動にさらされているため，聴細胞が疲労で損傷し，経年使用によって徐々に感度が落ちるためと考えられています。高年齢になると高音領域の感度が低下することを利用した応用例があります。若年層や動物を対象として，不快な音（主に高周波域の領域の音）を放射することによって，対象者を遠ざける，あるいは滞留・たむろさせないことを目的とする**モスキート音**発生装置です（**表4.1**）。

表4.1　モスキート音の目的と周波数帯域

撃退対象	信号の周波数帯域
小型動物，ねずみ，げっ歯類	13.5〜17.5 kHz
大型犬，キツネなどの中型動物	15.5〜19.5 kHz
小型犬，猫，鳥など	19.5〜23.5 kHz
ヒト（10代の若者）	18　〜38 kHz

★**このキーワードで検索してみよう！**

> モスキート音 🔍
>
> 「モスキート音」で検索すると，装置の原理や耳年齢のテストサイトなどがヒットします。

出典：https://www.skklab.com/archives/6484

　夏休みの深夜など，エネルギーをもて余した若年者が深夜営業中のコンビニにたむろして他の客とトラブルになる，あるいは深夜の公園で騒ぎ近隣住民から苦情が出る，といったトラブルに対処するため，もっぱら若年者だけに聴こえる不快な音を局所的に放送するといった使われ方をする装置が，モスキート音発生装置です。若年者を排除するモスキート音は，18 000 Hz にピークをもつ不快音を用いています。この周波数帯域の音は，若年者には聴こえますが，比較的年齢の高い層にはほとんど聞こえません。したがって，このような年齢による聴覚感度の差をうまく利用することによって，目的にかなう機器をつくることができるのです。モスキート音発生装置は，若年者のみならず，夜行性の動物を追い払う目的でも利用されています。

4.3.3 音源定位と音像定位

自分に忍び寄る捕食者から身を守るため，聴覚は非常に有効な感覚器であることを1章で説明しました。つまり，捕食者が発する音によってその存在を離れた場所から知ることができれば，捕食者から襲われる前に避難行動に移ることが可能です。このときに重要になるのが，音源の位置を適切に把握することです。音源の位置を適切に把握できなければ，捕食者から避難しているつもりが，実際には捕食者に近づいてしまうことも起こりうるでしょう。人間を含む動物は，音波の特性を生かして対象の位置を特定することができます。この能力は，音源定位と呼ばれています。すなわち，**音源定位**とは，聴覚入力を基に外界における音源の位置を特定することです。この音源定位によって，対象物体の方向や注意を向けるべき方向を決定することができます。

われわれが音源の方向を特定できるのは，胴体，頭部，耳介などによる音波の回折を受けながら，鼓膜に到達する音波（さまざまな周波数成分を含む）のスペクトルの変化を検出できるからです。音源定位に関わる情報には，音波が両耳にそれぞれ到達するときに生じる**両耳間時間差**（inter-aural time difference, **ITD**），**両耳間音圧差**（inter-aural level difference, **ILD**），耳介による周波数特性などがあります。

図4.7(a) に示すように，音源が右前方にある場合，音源から左の耳および右の耳に至る音波の進行距離が異なる（この場合には $T_1 > T_2$）ため，両耳に

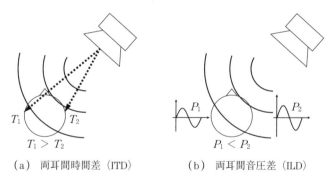

(a) 両耳間時間差（ITD）   (b) 両耳間音圧差（ILD）

図4.7 音源定位の仕組み

届く音波に両耳間時間差（ITD）が発生します。また，図(b)に示すように，音源から放射される音波を受ける左右の耳において，右側の耳には音源から直接音波が侵入してきますが，左耳においては音波が頭部で遮蔽されるため，頭部で回折した波が侵入してきます。回折波の音圧レベルは直接波よりも小さいため，ここで両耳間音圧差（ILD）が生じます。われわれは，このようなさまざまな手掛かりを用いて音源定位を行っています。

　一方，音源が放射する音に基づいて，人間が音の像の空間的な位置を知覚することを**音像定位**（sound localization）といいます（**図 4.8**）。例えば，オーディオ装置の二つのスピーカーから放射される音で楽器演奏を鑑賞する場合，スピーカーの位置は 2 箇所のみであっても，演奏を鑑賞する人には個々の楽器の場所が鮮明に知覚でき，あたかも鑑賞者の眼前で楽器演奏しているかのような音像が得られることが，オーディオ装置の理想です。

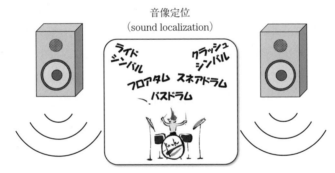

音像定位では，個々の楽器の場所が鮮明に知覚でき，あたかも眼前で楽器演奏しているような音像が得られることが理想

図 4.8　音 像 定 位

　音源から両耳に到達する音の時間差や音圧（強度）差，音色や音の大きさの変化などを表す方法が，**頭部伝達関数**（head related tranfer function，**HRTF**）です。これは端的にいえば，音源から耳に至るまでの音の伝達特性のことです。頭部伝達関数（HRTF）は，頭部や耳の形状，音源の場所などによって異なる値となります。頭部伝達関数を効果的にコントロールすることによって，適切

に音の位置を知覚させることができます。例えば，5.1チャネルサラウンドシステムなど，音の空間的な像を設計する上でも頭部伝達関数が使用されています。

4.3.4 サウンドスケープ

秋の音といえば，読者の皆さんはどんな音を思い浮かべますか？「虫の声」，「祭の太鼓の音」，「運動会の歓声」，「落葉を踏みしめる音」，「澄み切った青空と里の静寂」などを思い浮かべる人が多いようです。最後の項目「里の静寂」は，無音のイメージを「音」として挙げているところが面白いですね。では，夏の音といえば？「セミの鳴き声」，「風鈴の音」，「打上げ花火の音」，「盆踊りの太鼓の音」，「波の音」，「高校野球中継の音（応援やサイレンも含む)」，「扇風機が回る音」，「蚊の羽音」が挙げられています。どれも，いかにも夏の情景が思い浮かび上がる例ですね。ここまで，音波のさまざまな性質について，また音波を受け取る器官である耳について客観的に説明をしてきました。しかし，前述のとおり，音のイメージを尋ねてみると，例えば「60 dB くらいの風音」とか「ベランダで起こったカルマン渦」などという物理的な答えは返ってきません。つまりわれわれが実感する「音」と，現実世界で起こっている「音」という現象は，質的に同じではないことがわかります。特に大きな違いは，われわれが実感する音の世界には主観的要素が強く影響を及ぼしているという点です。

これまでの科学技術では，どちらかといえば客観的側面に重点を置いた物理的な「音」，あるいは音波の振動を電気パルスに変換して脳に伝達する生理的な「音」に関する議論が中心でした。これに対し，音に対する人間の主観的な要因も「音」という現象に含めて全体的に考える「**サウンドスケープ**（soundscape)」というコンセプトが，カナダの現代作曲家であるマリー・シェーファーによって，1960年代後半に提唱されました。サウンドスケープとは，「landscape（風景)」の「land」を「sound」に置き換えたもので，まさに「音の風景」といえます。サウンドスケープは，騒音などの人工音，風や水などの自然の音をはじ

め，社会を取り囲むさまざまな音全体を音環境という総体として捉えようとい
うアプローチです。サウンドスケープで求められる「音に対する感性」を磨く
ため，「イヤークリーニング」と「サウンドウォーク」という方法が提案され
ています。

(1) **イヤークリーニング：**

音の風景（サウンドスケープ）を主観的に強く感じ取るためには，まず
は自らの感覚を研ぎ澄ませることが重要であり，そのために「**イヤークリー
ニング**」から始めるのがよいとシェーファーは主張しました。とはいえ，
ネットで「イヤークリーニング」と検索すると，エステティックサロンで
行うような耳掃除や耳かきの有料サービスが多数ヒットします。しかし，
ここでいうイヤークリーニングは耳掃除サービスのことではありません。
まずは日常生活の中にある「身近な音に改めて関心をもとう」ということ
で，いままで気づかなかった音への感受性を高めるということです。改め
て身の回りの音をよく聴いてみると，快適な音や不快な音が入り混じって
音環境が構成されていることに気づきます。あるいは，旅行のような非日
常の世界に入って音を聴いてみると，身近な環境には存在しなかった音の
発見があるかもしれません。この節の冒頭で挙げた「里の静寂」などは，
「無音」という「音」を感じ取るという，まさに主観以外ではあり得ない
「音」を捉えた好例といえます。

(2) **サウンドウォーク：**

音に意識を集中しながら歩き回るという行為です。サウンドウォークを
行うことによって，日常生活の中では気づかなかったさまざまな音に気づ
き，またウォークの中で新たに発見した音には驚くほどの多様性や個性が
あることに気づく場合があります。毎日のように通う通勤路や通学路も，
天候によって，季節によって，あるいは曜日によっても聴こえてくる音は
違います。普段の通勤や通学では気づくことのなかった新たな「音」の発
見があるかもしれません。

図4.9は，サウンドスケープの概念的枠組みを模式的に示したものです。従

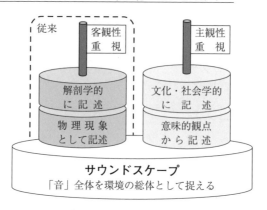

図4.9 サウンドスケープの概念的な枠組み

来の科学技術の中で音を扱う姿勢としては，極力主観性を排除し客観性を重視してその物理的な挙動を正確に記述する，あるいは音を受信する側の感覚器としての耳を解剖学的に正確に記述する，という立場を貫いてきました。音響機器を精度よく設計する，あるいは聴覚障害に適切に対処するなどの目的を達成する上では，従来の客観的な立場は有効に機能し人々の生活に役立ってきました。一方，物質的な充足に加えて心の豊かさを追求する，人間の感性をさらに広げる，といった「こころ」のあり方に対する重要性の比重が高まる現代においては，従来の客観的/要素還元論的なアプローチだけでは十分ではなく，人間の感性を含むような主観的/全体的なアプローチが求められるようになってきました。特に，ここ数年で急激に進歩してきた参加型あるいは体験型のサービスや機器を支える音響技術を考えていく上では，ユーザの感性をどう刺激するかといった主観的な観点が欠かせません。図4.9でいえば，従来の客観性重視の技術に加えて主観性重視の技術を取り入れ，この二つの軸を両輪として研究開発を進めることで，「音」に対する新しい価値を創出できる可能性が高まります。

5

耳から受け取った音を脳は
どう処理するのか？

5.1 音 の 三 要 素

5.1.1 音の大きさ/高さ/音色

「音」は，われわれにさまざまな心理的印象をもたらします。音の知覚における基本的な属性は，「**音の大きさ**」，「**音の高さ**」，「**音色**」であり，これらは「**音の三要素**」と呼ばれています。

(1) **音の大きさ** (loudness)：

「大きい〜小さい」という単純な尺度で表される属性で，基本的には空気が振動するときの疎密の幅の大きさ，つまり音圧 P と対応します。媒質の分子が振動する幅が大きければ音は大きくなり，振動幅が小さければ音も小さくなります。瞬時音圧レベルの最大値は P_{max}，平均音圧レベルは $P_{max}/\sqrt{2}$ で与えられます。ウェーバー・フェヒナーの法則（3章）で説明したとおり，物理的な音圧 P を人間が感じる音の大きさと整合させるためには，音のエネルギーを対数に変換する必要があります。音の大きさを表す音圧レベルの国際単位は「**dB（デシベル）**」です。音の大きさは，音の3要素の中では最も単純な属性です。

(2) **音 の 高 さ** (pitch)：

ピッチとも呼ばれ，音の大きさと同様に，基本的には「高い〜低い」と表現できるような単純な属性です。音の高さは，音の周波数 f（振動数），つまり1秒間に音波が繰り返す波周期 T の回数で決まります。1秒

間の波の繰返し回数である「周波数」の単位は「**Hz（ヘルツ）**」で表します。音の周波数 f が高くなれば音は高くなり，周波数 f が低くなれば音は低くなります。波の周期を T とすれば，周波数 f は T の逆数で得られます。人間が感じる音の高さは，周波数に対応した「直線上昇的な側面」と，オクターブを周期とする「循環上昇的な側面」の二つの側面があります。例えば，「ド」の音の周波数を 2 倍にした音はピッチが上がったと感じるのですが，その一方，高くなった音は 1 オクターブ上であっても「ド」であると感じられます。音源の周波数を変化させれば，その音程を変えることができますので，例えば弦楽器では弦の太さや張り具合，弦の長さを調節して，太鼓は皮の厚さ/大きさ/張り具合を調節して，木管・金管楽器は管の長さを調節することで，いろいろな高さの音を出すことができます。

　周波数つまりピッチに対応する直線的な上昇と，オクターブを周期とする循環的な上昇の二つの側面を含むモデルとして**ピッチのらせん構造モデル**があります（**図 5.1**）。音の周波数を上げていくとピッチはらせんの上方向に直線的に上昇していきますが，これを**トーンハイト**または**ピッチハイト**と呼びます。その一方で，例えば C の音の周波数を 2 倍にするとピッチはらせんに沿って登っていきますが，1 周して一つ上の段の C の位置に到達します。周波数を 3 倍にすれば，らせんに沿って C を 2 段階上に登って 2 オクターブ上の C に到達します。このように，らせんモデルの最下段の音の位置が縦方向にグループになっているのが循環的な上昇です。このオ

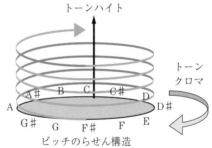

音の周波数を上げていくとピッチはトーンハイト方向に直線的に上昇する。
一方，例えば C 音の周波数を 2 倍にするとピッチは 1 周して一つ上段の同じトーンクロマに属する C 音となる

図 5.1 ピッチのらせん構造モデル

クターブ単位の音グループの位置を**トーンクロマ**または**ピッチクラス**と呼んでいます。ピッチのらせん構造モデルは，おおよそ 30～4 000 Hz の範囲で成り立つといわれています。4 000 Hz を超える音は，音の高さを特定するための感受性が鈍り，どの音名なのかがはっきりせず，音高の知覚が難しくなります。

　音の高さを表すもう一つの単位に「**メル尺度**（mel scale）」があります。メルは，日本工業規格（JIS 規格）の JIS Z 8106:2000 の中でつぎのように定義されています。

　メ ル：

　　　音の高さの単位。正面から提示された，周波数 1 000 Hz，音圧レベル 40 dB の純音の高さを 1 000 メルとする。

　　〔備　考〕

　　　被験者が 1 000 メルの n 倍の高さと判断する音の高さが $n \times 1 000$ メルである。

　1 000 Hz の音波の場合，メル値はちょうど 1 000 メルで周波数（ピッチ）と対応しています。ピッチは音波の周波数に基づく物理的な尺度ですが，メル尺度は人間が音高をどの程度の高さと知覚しているのかを計る心理的な尺度です。したがって，音の周波数が上がって音高を知覚する感受性が下がってくると，ピッチとメルの間で差が生じます。ピッチとメルの差を測定すると，可聴域の下限に近い音ではメル値は高めになり，ピッチの高い音ではメル値が低めになることが知られています。

(3)　**音　　色**（timbre）：

　音の大きさや音の高さと違って，一つの指標で表現することはできません。音色は，音の高さの基準となる**基音**に倍音が重ね合わされて形成されます。この音色を形づくる構成要素である純音成分の周波数が，基音の整数倍である音を「**倍音**」といいます。倍音は基音の整数倍の周波数をもつ波ですので，基音の上に基音の 2 倍音，3 倍音，4 倍音など，基音の整数倍の高次倍音が重ね合わされて音色が決まります。どのような倍音がどのよ

うな大きさで含まれているのか，その含有率の違いでさまざまな音色が生まれるのです。このため，音色のことを音響学では周波数成分と呼んでいます。音色を表すのに「明るさ」，「きれいさ」，「豊かさ」など形容詞で表現されることが多いのは，音の大きさやピッチのような単純な指標では表現できないためです。われわれの耳は，複数の倍音が重なり合っている複雑な波形の音波から，その音色の微妙な違いを聴き分けているのです。

5.1.2 純音を重ね合わせた音が複合音

　正弦波をスピーカーで再生すると，その音は「ピー」という単純なものです。例えば，地上波テレビですべての番組が終了した深夜から早朝にかけて，さまざまな色で構成されたタイルパターンの放送を見かけた読者がいると思います。これはテレビ画像調整用のテストパターンですが，このパターンとともに「ピー」という音が鳴っています。この「ピー」は 1 000 Hz の正弦波の音で，テストトーンと呼ばれています。また，ラジオの時報で鳴る「ピー」も 1 000 Hz の正弦波です。この正弦波の音が「**純音**」です。健康診断で，聴力検査のときに聴かされる「ピー」音も純音です。テスト音「ピー」の周波数が 1 000 Hz の場合には 30 dB の音量で音が聴こえれば正常，テスト音が 4 000 Hz の場合は 40 dB の音が聴こえれば正常と判定されます。

　正弦波である純音は，周波数（ピッチ）と音圧（大きさ）を特定することで，その音の性質を完全に表現することができます。例えば「周波数××Hz，音圧レベル○○ dB」と指定すればその音は唯一であって，それ以外の音はありません。純音を聴いたとき，音の大きさとピッチはわかりますが，音色はあまり感じません。いかにも人工的な，実に無味乾燥な音質ということができるでしょう。

　一方，二つ以上の純音が入り混じった音を「**複合音**」と呼びます。人間の声や楽器の音など，われわれが日常生活で耳にする音はほぼすべて複合音です。口笛の音などはやや純音に近い音ですが，実際には純音ではありません。純音は，自然界に存在する音や楽器の音，人の声とは違って人工的な感じの強い音

です。純音と複合音のピッチを比較すると，複合音のほうがわずかに低いピッチとして知覚されることがわかっています。この現象は，複合音から基音や低次倍音を除去した**ミッシングファンダメンタル音**のピッチ知覚で起こることがわかっていました。

　例えば，基音が 300 Hz の場合，2 倍音は 300×2＝600 Hz，3 倍音は 300×3＝900 Hz，というように基音の整数倍の高次音を加えていくと複合音となります。この複合音を聴くと，基音である 300 Hz の音であると知覚されます。では，900 Hz，1 200 Hz，1 500 Hz，1 800 Hz を加えた複合音はどのような音に聴こえるでしょうか。この複合音もまた 300 Hz の音，つまり基本音として知覚されます。

　複合音のピッチが低めに知覚される現象は，当初はこのミッシングファンダメンタル音で確認されていましたが，基音が存在する音でも同じ現象が発生することが最近わかってきました。複合音の波形は非常に複雑な場合が多く，単純な数式で表すことはなかなか困難です。一般に，複合音のような複雑な音を解析するには，フーリエ解析などの周波数解析を利用します。

5.1.3　周期的複合音 ＝ 基音 ＋ 倍音

　楽器の複合音は，最も周波数が低い基音とその整数倍の周波数成分の音圧レベルが高いという特徴があります。複合音の中でも，構成要素である純音（成分）の周波数が最低次成分の整数倍になっている音を，「**周期的複合音（調波複合音）**」といいます（**図 5.2**）。周期的複合音の成分のうち，最もピッチが低い最低次の成分を「**基音（基本音）**」，基音の 2 倍の周波数成分を「**第 2 倍音**」，基音の 3 倍の成分を「**第 3 倍音**」といった呼び方をします。複合音に含まれる波の周波数成分が同じであっても，各倍音の振幅が異なれば音色は異なります。多くの楽器の音や人間の声は周期的複合音です。

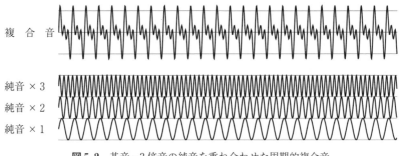

複 合 音

純音 × 3
純音 × 2
純音 × 1

図5.2 基音〜3倍音の純音を重ね合わせた周期的複合音

5.1.4 周波数スペクトルで音質の特徴を可視化する

横軸に周波数，縦軸に音圧レベル（信号の振幅）をとり，対象とする音波に
どの周波数の正弦波がどれくらい含まれているかを可視化したグラフを，**周波
数スペクトル（周波数スペクトラム）** と呼びます。周波数スペクトルを表示す
ることにより，複合音に含まれるどの周波数成分がどの程度エネルギーをもっ
ているかが表現できます。例えば，周波数スペクトルによって，楽器や声の音
色の特徴が可視化できます。

図5.3は，人の声の周波数スペクトルです。音源はグレゴリア聖歌の独唱で，
図 (a) はグレゴリア聖歌のアンティフォナを独唱する男性テノールの周波数ス
ペクトル，図 (b) はグレゴリア聖歌の復活の祝日前夜の典礼劇を独唱する女性
ソプラノの周波数スペクトルです。周波数軸（横軸）の上限は 20 000 Hz です。
男性テノールの周波数スペクトルの図 (a) を見ると，最初の波形ピークが周波
数軸上の 200 Hz 付近に見られます。これは，この歌手の声の基音と考えられま
す。そのつぎの波形のピークは 400 Hz 付近，そのつぎのピークは 600 Hz 付近
と，それ以降は 800 Hz，1 000 Hz，1 200 Hz と倍音成分が出ていることがわか
ります。

女性ソプラノの周波数スペクトルの図 (b) では，基音が 400 Hz 付近，倍音
が 800 Hz，それ以降 1 200 Hz，1 600 Hz とつづきます。しかし，そのつぎは 5
倍音の 2 000 Hz とはなっておらず，若干低めの 1 800 Hz 付近にピークが見られ

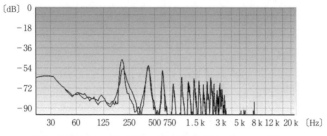

（a） 男性テノール（グレゴリア聖歌/アンティフォナ）

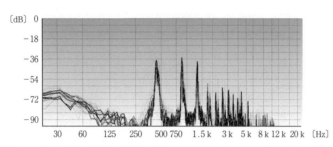

（b） 女性ソプラノ（グレゴリア聖歌/復活の祝日前夜の典礼劇）

図 5.3 人の声の周波数スペクトル（グレゴリア聖歌）

ます。声楽の発声法は高音部分と低音部分では違うといわれており，ベルカント唱法で地声から裏声に変化している可能性があります。

図 5.4 は，楽器音の周波数スペクトルです。図 (a) は，ピアノの独奏音でR. シューマンの「子供の情景/第 2 曲不思議なお話」です。また図 (b) は，オーケストラの音で P. チャイコフスキーの「くるみ割り人形/序曲」です。図 5.4を図 5.3 と比べると，スペクトルがかなり複雑であることがわかります。図 (a)のピアノでは，200 Hz から 800 Hz の範囲に主要な周波数成分のピークがあり，1 000 Hz 以降は多数のピークはありますが，全体的にレベルが下がっていき12 000 Hz 付近まで伸びています。これらは打鍵された音（和音なので複数の音が含まれる）の高次の倍音成分と考えられます。

図 (b) のオーケストラは，図 (a) よりもさらに複雑な周波数スペクトルです。オーケストラは音域の異なるさまざまな楽器で構成されているため，周波数スペクトルでは周波数レンジが広く 20 000 Hz 付近まで音が出ていることがわか

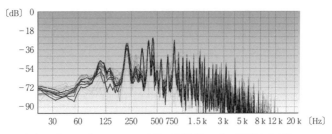

（a） ピアノ（シューマン子供の情景/第2曲不思議なお話）

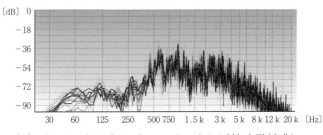

（b） オーケストラ（チャイコフスキーくるみ割り人形/序曲）

図5.4 楽器の周波数スペクトル

ります。スペクトルの波形を細かく見ると非常に複雑ですが，少しマクロに見ると特定の周波数にピークが見られます。この音源はメロディーラインがはっきりと聴き取れるクラシックの楽曲ですので，メロディ部分を担当する楽器の基音と倍音成分が周波数スペクトルに強く反映されていると考えられます。

　このように，楽器や人間の声は，それぞれ固有の周波数スペクトルをもっており，その周波数成分が楽器の音色を特徴づけています。周波数スペクトルによって音を可視化することで，聴いただけではわからない音のさまざまな性質が見えてきます。

5.1.5　音色の識別的側面と印象的側面

　音色に影響を及ぼす物理量は多次元的です。前節で説明した瞬時の周波数スペクトル以外にも，時間的な振幅エンベロープ（ゆっくりした変化）である音の立上りや減衰特性，定常部の変動，成分音の調波・非調波，ノイズ成分の有

無などがあります。このように複雑な音色の特徴を人間が知覚するときの要因
として，ヘルムホルツ（Herman Helmholtz）は，**「識別的側面」**と**「印象的側面」**の二つの側面に分類しました。

(1) **識別的側面（なんの音であるかを聴き分ける）**：

　　音を聴いて，それがなんの音であるのかを聴き分ける認知的な側面です。例えば楽器の演奏を聴いて，トランペットとかバイオリンとか聴き分けられるのは，音色の識別的側面が機能した結果です。音の識別は，聴こえている「音」と記憶の中にある「音」を照合することで可能となります。

(2) **印象的側面（音の印象を形容詞で表現する）**：

　　音色の特徴を形容詞で表現できるような因子です。例えば，音を聴いたときに「明るい」，「暗い」，「豊か」，「貧弱」，「澄んだ」，「濁った」など，われわれはさまざまな形容詞を用いて音色を表現します。これが印象的側面で，その表現には情緒的な色彩が含まれます。音色を表す形容詞は，「美的因子（きれいさ）」，「迫力因子（力強さ）」，「金属性因子（鋭さ）」，の3種類の音色因子に分類することも提案されています。

5.2　われわれは音をどう感じ取っているのか？

　ここまで，音の物理的な性質をさまざまな観点から記述する方法について示しました。また，人が聴く音と物理的な音とは必ずしも同じではないことにも触れました。この節では，われわれが音をどのように感じ取っているのかについて，特に他の感覚との関係という観点から説明します。

5.2.1　多感覚統合：さまざまな感覚がたがいに影響を及ぼし合う

　多感覚統合あるいは複合感覚統合としてよく知られている現象に，**腹話術効果**があります。腹話術とは，人形を自分の近くに抱えもった腹話術師が口元をほぼ動かさずに喋る芸で，観客から見るとあたかも人形が喋っているかのように思ってしまう話芸です。腹話術師は人形の顔を操作しながら喋りますが，

自分はほとんど口を動かさずに人形の口や顔を動かすため，観客は人形の口から声が出ているように錯覚してしまいます。この効果は，音源がどこに存在するのかを認知する機能である「音源定位」が，視覚情報の影響を受けて修正されてしまうことを示しています。

5.2.2 共感覚：感覚は脳の中でつながっている

　ピアノの「ド♯」の音を聴くと青い色が見え，「ド♭」なら赤い色が見える。他の音を聴けば別の色が見える。黒インクで印刷された5と2の数字で，5は緑色，2は赤色に見える。他の数字には他の色が付いていて，数字によって決まった色が見える。**共感覚**（synesthesia）とは，以上の例のように，特定の感覚刺激を受けた場合，本来反応すべき感覚以外の別の感覚が共起され感受するような知覚です。視覚以外でも，例えば，香り刺激を受けると色が見える，特定の形の視覚刺激を受けると味が思い浮かぶ，特定の音を聴くと色が見える，等々です。このように，一つの感覚刺激に対して別の感覚が共起するような知覚をもつ人を共感覚者と呼んでいます。共感覚が起こるときには，つぎに示すような共通する特徴が見られます。

・不随意性（意識的に制御できない）：　共感覚は自動的に生起するものであり，自分の意志ではコントロールできない。

・生起する感覚の一貫性：　例えば「5は緑」といった共感覚の発生パターンはいつも具体的で単純かつ一貫しており，その見え方のパターンは生涯にわたって変わらない。

・共感覚が発生する原因（刺激）と結果（共感覚）の方向性は一方向的：　例えば，共感覚では，ある数字を見るとそれに対応する色が見えるが，色を見ても数字は見えない。

・強い記憶：　共感覚を生起するきっかけとなる刺激情報よりも，発生した共感覚のほうが強く記憶に残る。

・情動の生起：　共感覚が生起する場合に「好き」，「嫌い」や「快」，「不快」といった感情を伴う。例えば，色字共感覚の場合「5の色が汚い

ので5は嫌い」など。

　特に，文字や数字を見たときに色が見える共感覚は「**色字（しきじ）**」といわれています。また，音を聴いたときに色が見える共感覚は「**色聴（しきちょう）**」として知られています。この他にも，色刺激⇒音の共起，味刺激⇒形の共起，におい刺激⇒色の共起，痛み刺激⇒色の共起，曜日刺激⇒色の共起，数字列やカレンダー刺激⇒空間配置の共起など，数十種類以上の共感覚が確認されています。

　共感覚が起こる理由は，脳内で感覚情報を伝達・処理するときに感覚情報が干渉を起こすためである，という説が有力です。例えば，視覚情報は，目の網膜に入った光刺激が網膜上でパルス信号に変換され，そのパルス信号は視神経を経由して後頭葉に伝達されそこで色や動き，形や大きさ，奥行きなどの分析が行われます。その後，各特徴に応じて分解された情報は側頭葉や頭頂葉へと伝達されていきます。このように感覚刺激は，脳内で複雑な処理が行われ統合されていくため，その途中で干渉が起こるのではないかと考えられています。

　また共感覚には家族性があり，遺伝的要素が関係していると考えられています。このように，人間はこれまでの進化の過程で獲得してきたさまざまな感覚器をそれぞれ個別に使っているのではなく，複数の感覚情報を脳内で統合することで，高度に環境に適応していることがわかります。

5.2.3　ストループ効果：感覚情報が相互に干渉する現象

　誰もが体験できる共感覚の一つに**ストループ効果**（stroop effect）があります。ストループ効果とは，例えば文字の意味と文字の色のように，それぞれ意味の異なる刺激が同時に呈示されると，刺激に反応するまでにより多くの時間がかかる現象です。

　図5.5はストループ効果の実験例です。この図では，文字で記述されている色名とその文字の色が異なっています。図の上側がストループ効果を試す実験材料ですが，上部には左側から「黄」，「赤」，「黒」などと，色名が大きなゴシック文字で記されていますが，このゴシック文字には色が付いています。ど

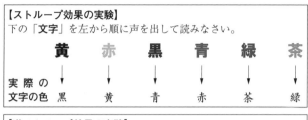

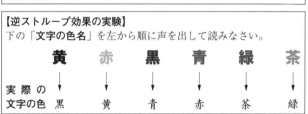

図5.5 ストループ効果

のような色が付いているかを，図の下側に「(実際の文字の色)」として示しています。つまり，「黄」という文字は黒で書かれており，「赤」という文字は黄色で書かれています。他のゴシック文字も同様です。被験者は，図の指示にもあるとおり「黄」，「赤」，「黒」，「青」，「緑」，「茶」を左側から順に，できるかぎり速く正確に読むことを指示されます。

実験結果ですが，文字と文字の色が一致する場合に比べ，文字とその色が異なる場合には少し混乱が発生するため，反応時間が長くなります。図の下側が逆ストループ効果の実験で，こちらの実験では被験者には文字の色をできるかぎり速く正確に報告してもらいます。多くの人にとって，図の上側（ストループ効果）よりも下側（逆ストループ効果）のほうが難易度が高いのではないかと思います。本書は白黒印刷であるため，この図を用いて実際に実験することはできませんが，読者の皆さんには，是非，色の付いた実験材料を用いて体験してほしいと思います。

ストループ効果の実験は，われわれの感覚が相互につながって影響を及ぼし合っていることを実感させられるものです。しかしながら，われわれ自身の実生活を広く考えれば，日々の生活においても感覚の連携を経験する場面があります。その身近な例が食べ物の「味」かもしれません。味は，基本的には味覚

で感じますが，嗅覚も重要な役割を果
たしており，たがいに連携してはじめ
て「味」として感じます。舌に分布す
る味蕾（みらい）が，塩味/苦味/甘
味/酸味の四つの味を識別し，鼻の奥
に分布する嗅覚細胞が匂いを感知しま
す。これらの感覚情報は脳へと伝達さ

★このキーワードで検索してみよう！

| ストループ効果」体験　🔍 |

「ストループ効果」&「体験」で検索す
ると，ストループ効果の実験を体験でき
るさまざまなサイトがヒットします。
ぜひ，自分でもストループ効果を体験し
てみて下さい。

れ，脳がその情報を統合することによって風味として認識し「味わう」ことが
できるわけです。

　ところで，人間の感覚といえば一般的には五感，つまり聴覚/視覚/嗅覚/味
覚/触覚を指します。しかし，人間の感覚は五感以外にも，体性感覚として皮
膚感覚と深部感覚，内臓感覚として臓器感覚と内臓痛覚などがあります。

5.2.4　マガーク効果：感覚情報がたがいに矛盾する場合に起こる現象

　われわれは人の話を聞く場合，耳で音声を聴き取るだけでなく，顔の表情や
口の動きといった視覚情報を併用しており，この視覚情報が聴覚情報（聴こえ
方）に影響を及ぼすことがわかっています。われわれは，相手の口の動きに表
れた言葉と耳で聴いた言葉を脳内で統合した上で，相手がなにをいっているの
かを総合的に判断しています。もし，視覚的な知覚と聴覚的な知覚に矛盾が生
じた場合，視覚的な知覚が優先されて聴覚の知覚をゆがめることが知られてい
ます。この現象は，**マガーク効果**（McGurk effect）と呼ばれています。

　イギリスの心理学者，マガークとマクドナルド（Harry McGurk and John
McDonald, 1976）は，視覚と聴覚で知覚に矛盾を起こすような実験を行いまし
た。最初に，実験協力者に「が，が，が」と発音させその様子を録画します。
その映像を被験者に見せますが，映像から音声を削除して「ば，ば，ば」とい
う音声を挿入します。このとき，被験者にどのような発話内容だったかを報告
させると，被検者は「だ，だ，だ……」と聞こえたと報告しました。なぜ，こ
のようなことが起こったのでしょうか。被験者は聴覚では「ば」という音を聴

いていますが，「ば」と発音するには発話の際に唇を閉じる必要があります。しかし，スクリーン上に映し出された映像は「が」なので唇は開いたままです。この段階で，耳で聴いた情報と目で見た情報との間に矛盾が発生しているわけです。被験者はこの知覚上の矛盾を脳内で解消するために，唇を開いたままで発音する「だ」であるはずだと，音声の知覚をゆがめるような解釈を行ったと考えられるのです。

この実験結果は，唇の動きという目で見た知覚によって，耳から入った知覚情報が容易に修正されてしまうことを示しました。マガーク効果は，視覚と聴覚が矛盾するときには視覚が優先され，視覚と矛盾しないように脳内で聴覚の修正が加えられることを示しました。マガーク効果は，視覚と聴覚の結び付きの強さを示す例ですが，脳内では視覚と聴覚だけでなく，さらにさまざまな感覚情報が統合されることがわかってきました。

5.2.5 五感は脳内で統合される

ここまで，五感に含まれる感覚相互の連携について説明してきましたが，例えば，平衡感覚がものの見え方に影響を及ぼすなど，われわれの感覚は五感以外の感覚とも連携することが最近の研究でわかっています。ぐるぐる回った直後には垂直な線が傾いて見えたり，加速度の変化を感じると物体の位置が実際よりも高く感じたりすることがわかっています。

われわれは，多くの感覚器（センサ）を体中にもっており，そこから集めたさまざまな感覚情報を脳で集約するとともに，それぞれの感覚情報の間で矛盾が発生すれば感覚情報の解釈（脳内での認知）を修正し，激しい環境の変化にも柔軟に対応できるような高度な脳内処理を行っていることがわかります。

5.3 音の方向をどうやって知覚するのか？

われわれが，音がどちらの方向から来るのかを判別できるのは，左右の耳に入る音波の時間差や音圧の差を知覚できるからです。音源定位では，すでに述

べたように，音波がそれぞれ両耳に到達するときに生じる両耳間時間差（ITD），両耳のそれぞれに届く音波の大きさの違いである両耳間音圧差（ILD），音波が顔や頭部，耳介付近で回折することによって外耳に入る音波の周波数特性が変化すること，などが手掛かりとなっています。

図5.6は，人間が音源の方向を，なにを手掛かりにしてどのように知覚しているのか，その仕組みの概要を説明しています。図（a）は正面から来る音の例ですが，正面から来る音は左右どちらの耳にも同時のタイミングで，同じ音圧（強度）の音が到達します。このような情報を総合的に判断して，われわれはこの音波が正面から来ていることを知覚することができます。図（b）は，右前方から来る音の例です。右前方からの音の場合，音源から耳までの距離は右耳よりも左耳のほうが長く，右耳に音波が到達したわずか後に左耳に音波が届くことになります。また，左耳から見ると音源は直接見えず顔面が障害物と

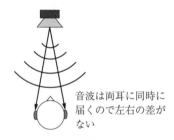

音波は両耳に同時に届くので左右の差がない

（a）正面からの音

音源からの距離が右耳よりも左耳のほうが長いため，右耳に音波が到達したわずか後に左耳に音波が届く

（b）右前方からの音

右耳には直線的に音波が到達するが，左耳は頭の裏であるため音源からの距離が長い。左耳には遅れて，頭部で回折した音波が届く

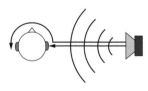

（c）右方向からの音

音源からの距離が右耳よりも左耳のほうが長く左耳には遅れて音波が届くが，両耳ともに前方からの音波とは回折（耳介付近）の仕方が異なる回折波が届く

（d）右後方からの音

図5.6 音の方向を知覚する仕組み

なってしまいます。左耳に届く音は顔前部で回折した音波であり，音圧強度も小さくなるため，両耳間での強度差 ILD（両耳間音圧差）が大きくなります。

図 (c) は，右方向から来る音の例です。この場合，右耳には音源から直線的に音波が到達しますが，左耳は完全に頭部の裏側であるため音源からの直接音は入ってきません。また，音源と両耳間の距離の差においても頭部の長さ分が反映され最も長くなります。このため左耳には，右耳と比べてやや遅れて，頭部で大きく回り込んだ回折波が届きます。したがって，ITD（両耳間時間差）および ILD（両耳間音圧差）の両方が大きな音波が届くことになります。図 (d) は，右後方から来る音の例です。この場合には後方から伝搬してくる音ですが，まず音源からの距離が右耳よりも左耳のほうが長く，かつ左耳は後頭部の陰に入るため，左耳には後頭部で回折した音波が時間的に遅れて届きます。また，両耳に入ってくる音波は，耳介や顔前面での波の回折パターンが前方から来る音波とは異なります。このような手掛かりを用いて，音波の方向を知覚することが可能となります。

波の回折では，その波長に依存して伝搬する波の回折の大きさが異なることを説明しました。音の方向知覚においても，波の回折の大きさが顔や頭部と音波の波長との相対的な関係によって変わります。音波の周波数が高くなり波長が短くなると波の直進性が増し，回折で伝わってくる音波の強度は低下していきます。

大気中での音速を 340 m/s とすると，1 000 Hz の音波の波長は 0.34 m です。成人の場合，頭の幅は約 0.16 m，顔面から後頭部までの頭長は約 0.19 m です。この寸法と音波の波長との大小関係によって，音波が頭部でどの程度回折するかが決まります。

おおよそ 1 000 Hz を境に，それよりも低い周波数の音波（低音）は，回折による回り込みが大きいことがわかっています。**図 5.7** に示したとおり，回り込みの幅（距離）が同じであっても，波長の長い（低周波）音波は波長の短い（高周波）音波よりも位相のずれが小さいことがわかります。したがって，1 000 Hz より低い低音域では左右の耳で音波の振幅の差が生じにくくなり，音源から見

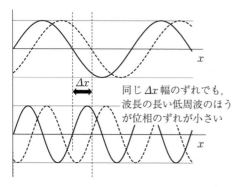

周波数と波長との関係	
周波数 f〔Hz〕	波長 λ〔m〕
3 000	0.11
1 000	0.34
300	1.1
150	2.3

音速 c = 340 m/s とする

同じ Δx 幅のずれでも，波長の長い低周波のほうが位相のずれが小さい

図 5.7　波長の違いと位相のずれ

て陰になる側の耳にもほぼ同じ大きさの音波が伝わります。このため ILD（両耳間音圧差）は大きくなく，方向知覚の手掛かりにはなりません。つまり，低域の音の場合には，ITD（両耳間時間差）の位相のわずかな違いが方向知覚のときに重要な手掛かりとなります。

　一方，1 000 Hz 以上の高音域では，回折による音波の回り込みは小さく，左右の耳に届く音波の位相差が大きくなります。高周波の音波は波長が短いので顔による回折効果も小さく，顔の陰に隠れている耳に届く音波の音圧は低く，回折波の位相のずれは大きくなり，方向知覚の大きな手掛かりになります。このように，われわれが音源の方向を特定する場合，耳介や顔を含めた頭部の形が音波に与えるさまざまな影響を手掛かりにして，周波数に応じて総合的に判断しています。

　われわれが 2 次元にとどまらず，さらに 3 次元的にも音源の方向を知覚できるのは，われわれ自身の胴体，頭部，耳介などによる音波回折のスペクトル変化を総合的に検出し，判断できるためです。また一般に，音波として周波数スペクトルの広がりのない純音は，音の方向を識別するのが難しいことが知られています。複合音であれば，音波に含まれるさまざまな周波数成分による回折の違いが方向知覚のための豊富な手掛かりとなりますが，純音の場合には，そのような手掛かりが少ないことが理由です。

5.4 マスキング効果とカクテルパーティ効果

5.4.1 マスキング効果

多くの高層ビルのエレベータ内では BGM（background music）を流しています。これは，聴覚の「マスキング」という性質を利用して，高速エレベータの風切り音などの騒音を目立たなくすることが目的です。または，教室の空調を切ると，急に別の騒音が気になり出すことがあります。これも空調音によるマスキング効果が薄れ，別の音が聴こえてきたためです。**マスキング効果**（masking effect）とは，ある音が存在すると，もう一つの音が聞き取りにくくなる現象です。信号音を聴いているときに妨害音が同時に鳴ると，信号音は聴き取りにくくなります。妨害音がある程度以上に強くなれば，信号音はまったく聴こえなくなります。このとき信号音は妨害音にマスクされたといいます。

マスキング効果は，音響刺激が加わった場合に，その刺激が強くなるほど耳の感度が低下するというウェーバーの法則で説明することができます。例えば，騒音で人の話やテレビの音が聞こえにくくなったり，自分が声を出しているときには他人の声が聞き取りにくくなったりします。これは，妨害音によって信号音の最小可聴値が上昇したためと解釈できます。このときの，最小可聴値の上昇分を「**マスキング量**」と呼びます。**図5.8**は，中心周波数 400 Hz の狭

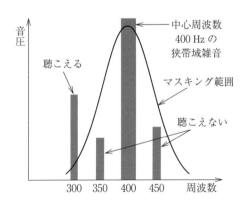

図5.8 マスキング効果
（同時マスキング）

帯域雑音が耳に加わっているときに，他の周波数の音の最小可聴値が上昇する様子を示す**同時マスキング**のグラフです。マスキング範囲に入っている 350 Hz の音と 450 Hz の音は，最小可聴値を下回っているため聴こえません。300 Hz の音はマスキング範囲から外れているため音が聴こえます。

　信号音と妨害音を同時に提示する「同時マスキング」では，信号音と妨害音とが同じ周波数である場合にマスキング効果は最大であり，周波数が離れると効果は小さくなります。また，高い周波数の信号音は低い周波数の妨害音によってマスクされやすいことが知られています。一方，低い周波数の信号音は周波数の高い妨害音によってマスクされにくい傾向があります。携帯型音楽プレーヤーで使われている MP3 方式では，マスキング効果を用いて情報量を圧縮しています。

　マスキングには，信号音と妨害音が同時ではなく時系列で生起する「**時系列マスキング**」も知られています。時系列マスキングでは，妨害音の直後 20〜30 ms の信号音がマスキングされやすいことがわかっています。前の音が後の音をマスキングする現象を「**順行性（フォワード）マスキング**」と呼びます。また，後の音が前の音をマスキングする現象を「**逆行性（バックワード）マスキング**」と呼びます。時系列マスキングの効果は，同時マスキングに比べるとごくわずかです。

5.4.2　カクテルパーティ効果

　大勢の人がそれぞれ話をするパーティ会場で，相手と会話をすることは簡単ではありません。しかし，大きな騒音の中でも，自分の相手が話す内容だけはなんとか聞き取ることができた，こんな経験をしたことのある読者は多いのではないかと思います。人間には，「これを聞きたい」と注意を向けた音を選択的に聞き取る能力があります。これは，コリン・チェリー（Colin Cherry）が 1953 年に提唱した「**カクテルパーティ効果**」と呼ばれる現象です。多くの人が雑談する騒音の中でも，自分にとって興味がある人の会話内容や自分の名前を呼ばれたときなどには，特に苦労せずにその内容を聞き取ることができま

す。これは，人間が，感覚器から入ってくる音の信号を処理する過程で，必要な情報だけを取り出して再構築しているため，と考えられます。カクテルパーティ効果によって聴きたい音を容易に聴き取るためには，満たすべき条件があります。

(1) **音源の方向**：

　　信号音（聞きたい音）と妨害音（雑音）が異なる方向から聞こえてきた場合，両者は聴き分けやすい。

(2) **音の周波数**：

　　信号音の周波数成分が妨害音と異なるパターンの場合，両者は聞き分けやすい。

音源位置の差や基本周波数の差をなくした状態で，複数の人の音声を聴かせると，内容の聴き取りが難しくなります。目的とする音に注意を向けることで，マスキングされた音でもカクテルパーティ効果が生じます。例えば演奏会会場において，協奏曲などオーケストラをバックに演奏するソロ楽器の音は，演奏会場ではよく聴こえます。しかし，演奏会の録音を聴き直すと，ソロ楽器の音が聴き取りにくいことがあります。演奏会場ではカクテルパーティ効果が起こるため，もともとソロ楽器の音が聴こえやすい環境にあるのです。演奏会会場でライブ録音する場合には，ソロ楽器専用のマイクロフォンを立ててソロの音量を若干上げて録音し，オーケストラの音量に埋もれないようにする工夫が求められます。

6

人間はどうやって言葉を発するのか？

6.1 われわれが声を発生する機構は咽頭部にある

音声は，人間同士のコミュニケーションにおいて言葉を発して伝えるための重要な基盤です。われわれが発する音声には，言語的な内容だけでなく話者の感情や個性（発話時の癖など）が含まれるため，話者の発話意図や発話環境などによって音声の波形は大きく変化します。したがって，話者の発話内容や発話意図を正しく理解するためには，音声波形の特徴や変化を適切に捉えた上で，それらの特徴や変化と話者の意図との対応関係を，理解する必要があります。

6.1.1 人間の喉の構造

われわれは，日常生活の中で特に意識することなく，なんの苦労もなく他者と会話を行います。本書の読者も，発話するときにお腹に力を込めて息を吐き出すと，喉の辺りがぷるぷると震えて声が出るというような感触をもつと思います。われわれが発声する際には，肺から気管に送られてきた呼気によって咽頭部にある**声帯**が振動し，これが音源となって声を出しています。つまり，肺というポンプで空気を押し出し，**気道**の途中にある声帯を圧縮空気が通過するときに空気の振動でブザーのような音が鳴り，その音を**声道**で変化させて口と鼻から音波を放射することで声を発生します。**声道とは，咽頭と口腔と鼻腔を合わせた一連の部分**で，呼気の通り道となる部分です。

図 6.1 は，人間の喉から顔の断面図で，気管から口元までを模式的に示して

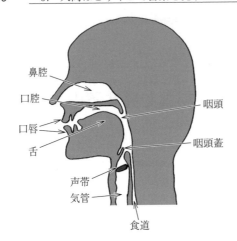

鼻腔
口腔
口唇
舌
咽頭
咽頭蓋
声帯
気管
食道

図6.1 咽頭で声を発生
する仕組み

います。気管の下には肺がつながっており，この肺から呼気が気管に向けて噴出してきます。声の音源である声帯は，気管と咽頭の中間辺りに存在します。声帯は開閉するゲートのような形をしており，筋肉でできた左右一対のヒダです。発声するときには，このヒダが開いたり閉じたりを高速で繰り返します。この開閉によって，周期的なパルス状の圧力波が発生します。ここで発生したパルス波は，咽頭，口腔および鼻腔からなる声道を抜けていきます。このパルス波が声道を抜けていくときに，口腔と鼻腔の形を変えることで**声道内での共鳴周波数**をダイナミックに変化させ，多様な音を発生させて発話します。

6.1.2 声帯で声を出す仕組み

音声には，**母音**と**子音**があります。母音とは，声帯で発生した音が途中の口腔や咽頭で遮られずに出てくる音で，日本語では，「あ」，「い」，「う」，「え」，「お」のことです。例えば，「あ，い，う，え，お」と声を出してみると，あごの開き具合や舌の位置，口先の形などによって，口の中の体積が変化しているのがわかります。このような**気道の体積変化**によって共振周波数が変化し，声帯で発生する振動音からさまざまな周波数の音を発生させています。つまり母音の発声では，声帯で音を発し，声道の形（体積）を変化させてその共振周波数を変える，という二つの機能によって個々の母音を出しているのです。

母音，および「b」，「g」のような子音を発声するときには声帯の振動音を使っており，これを「**有声音**」と呼びます。子音とは，呼気が声道のいずれかの箇所で**閉鎖または狭め**が形成されて発せられる音であり，破裂音（閉鎖音），摩擦音，破擦音，鼻音などがあります。声道の一部が舌と上顎，舌先と歯，歯と唇，両唇などによって狭められると，空気の乱流が引き起こされます。この声帯の振動を伴わずに発せられる**無声音**が子音です。

6.1.3 骨伝導による音の伝搬

声帯の振動で発した音波は声道を経由して口唇から放射され，その音波が耳に入ることで音声として知覚されます。実は，音声の伝達経路にはもう一つのルートがあります。音の振動が骨を伝わって聴覚器官に到達する**骨伝導**というルートです。例えば，録音した自分の声を聴いてみると，普段自分自身が聴いている自分の声とは異なる印象を受けると思います。他人の声や録音機器から出る自分の声は，音波が空気中を伝わって耳に入り，鼓膜を振動させて，この振動が聴覚神経に感知されて声が聴こえます。一方，自分が発した声は，自分の口唇から出て自分の耳に入る音波がある一方，声帯での振動が骨を伝わって鼓膜や聴覚神経に届く成分もあります。このように骨を伝わって聴こえる音を「**骨導音**」といいます。

骨導音は，音波として伝わりやすい周波数特性が空中を伝わる音波とは異なります。また，音の伝搬ルートは骨に加えて筋肉や脂肪や血液など複数種類の組織が関わるため，骨導音は耳から直接入る音波とはその音色が異なるのです。骨伝導では，250 Hz 程度までの低周波域では伝達効率がそれほど低下しませんが，250 Hz を超える高周波域ではその感度が大きく低下します。ただし，高周波域の音がまったく聴こえないわけではなく，1 000 Hz を超える音であっても音声の識別に必要な最低限の音圧レベルでの音の伝達は可能です。したがって，日ごろ，自分で聴く自分の声は，空気中を伝わってくる音と骨導音が合成された音であるため，低音が強調されて少しこもった声に聴こえています。

6.2　音声の特徴が表れるパラメータ

6.2.1　音声波形の包絡線

　有声音は声帯を振動させることで発声しますが，声帯の単純な振動によって発生する音はパルス（短時間に単発的な信号が発生する事象）の繰返しと考えることができます。この単純なパルス音を，声道の形をさまざまに変化させることで複雑に共鳴させ，口唇から放射するという行為が発声です。母音もこれと同じように，声帯が発する基音にさまざまな共振音が加わった連続パルスと考えることができます。したがって，母音の特徴はこのパルス列がどのような周波数成分を含んでいるのかで表されます。音声の発生においては，ピッチ周波数は時間の経過とともに変化していきますが，基音の周波数は男性で100〜150 Hz，女性で200〜300 Hz です。ちなみに，生まれたばかりの赤ちゃんは，基音が440 Hz 程度のようです。同じ声帯から「あ」，「い」，「う」，「え」，「お」という違う音を発することができるのは，声道の形がもたらすフィルタ効果によるものです。

6.2.2　母音を特徴づけるフォルマント周波数

　発声では，声帯の連続パルスによって基音となるピッチの周波数成分と，その高調波成分（倍音）からなるスペクトルが形成されます。各スペクトルを結んだ線を**包絡線**といいますが，このスペクトル包絡線において山を形成する部分と谷を形成する部分が形成されますが，この山と谷の形は，声道のフィルタ特性によって決まります（**図 6.2**）。

　包絡線のピークとなっている部分を**フォルマント**と呼び，これと対応する周波数を**フォルマント周波数**と呼んでいます。フォルマント周波数には個人差がありますが，それぞれの母音によってフォルマント周波数の分布に特徴が現れます。「あ」，「い」，「う」，「え」，「お」それぞれの音韻の特徴を担っているのは，2 個または 3 個の準定常的なフォルマント周波数で，母音はこれらのフォ

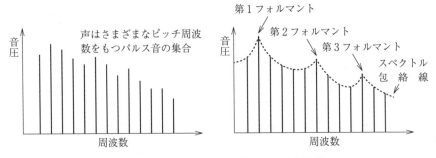

図6.2　母音の特徴となるフォルマント周波数

ルマント周波数によって識別されます。

　図6.3は，ピッチ（声の高さ）を一定に保ちながら母音を発生した場合の周波数スペクトル例です。母音の種類によって，フォルマント周波数の位置が異なることがわかります。一方，例えば「あ」を発声するとき，短い「あ」でも

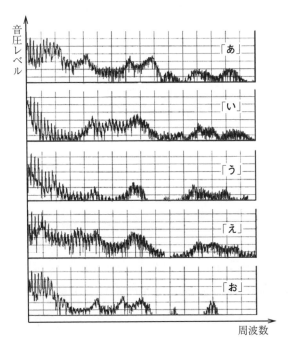

図6.3　「あ」，「い」，「う」，「え」，「お」の周波数スペクトル例

長めの「あ」でも，フォルマントの山と谷の位置はほとんど動かないという特徴があります。さらに，例えば「あ」でドミソと歌った場合，基音のフォルマント周波数は変化しますが，山と谷の位置関係はそのまま保たれます。つまり，周波数スペクトルのピッチは変化してもフォルマントの位置関係は変わらないということです。われわれが母音を知覚する場合，母音の識別に大きく影響するのが**第1フォルマント周波数と第2フォルマント周波数**であるといわれています。この知見に基づき，第1フォルマント周波数と第2フォルマント周波数を両軸とするグラフによって，母音の特徴を表す方法があります（**図6.4**）。第1-第2フォルマント平面の中で，「あ」，「い」，「う」，「え」，「お」が平面上の位置として特徴づけられます。このようなフォルマント周波数の特徴は，音声認識や音声合成で応用されています。

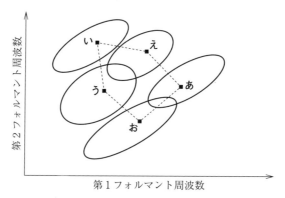

図6.4　「あ」，「い」，「う」，「え」，「お」の第1/第2フォルマント周波数

　半母音（W, J など）は，フォルマント周波数の比較的ゆるやかな時間的変化により，また有声破裂音（b, d, g など）はフォルマント周波数の急激な時間的変化によって特徴づけられます。有声音では，フォルマント周波数において準周期的な繰返し波形が現れますが，無声の子音は不規則な波形が現れるのみで雑音に近い形となります。無声破裂音（p, t, k など）は継続時間の短い雑音によって，また摩擦音（s, f など）は継続時間の長いゆるやかな雑音によって特徴づけられます。

6.3 人間は言葉をどのようにして獲得するのか？

6.3.1 赤ちゃんの母語学習

乳幼児は，生後約1～2年の間に外界からさまざまな刺激を受けながら，目覚しい速度で言葉を獲得していきます。乳幼児は，生後2箇月辺りから，**クーイング**（cooing），**喃語**（babbling），1語文，2語文，多語文という順序で言葉を学習していきます。クーイングとは，生後2～4箇月ごろの赤ちゃんが，口や唇を使わずに，くつろいだような声で「うー」，「あー」などという声を出す行動を指します。喃語（なんご）とは，おおよそ生後5～6箇月ごろに赤ちゃんが発する意味を伴わない声のことで，例えば「なむ」，「ばばば」，「だだだ」など，口や舌を使って出す2音以上の声です。

生後1年を過ぎるころから，「まんま」，「ぶーぶ」，「わんわん」など，意味を伴う一語文を使い始めます。さらに，1歳6箇月～2歳ごろには，「これちょうだい」，「わんわん　おいで」などの二語文を使って要求などをいえるようになります。1歳半ごろには，50語程度を話すようになり，新しい言葉が急速に増える，いわゆる「**語彙爆発**」が起こります。そして5歳になるころには，5 000～10 000もの語を獲得するといわれています（**図6.5**）。

一方，音声を言語として知覚することは簡単なことではありません。聴覚器に入ってきた音響信号から言語に相当する記号を分節化し，音響と記号との対応関係が認知できて，はじめて言語の聴き取り（理解）が可能となります。特に日本語の単語の場合，音素の特徴は隣接する音素の特徴と混じり合って存在し，また単語が結合された複合語では，各単語単独でのアクセントとは異なるアクセントに変化します。例えば，「おんせい（音声）」のアクセントは「高低低低」，「ごうせい（合成）」のアクセントは「低高高高」です。しかし，「おんせいごうせい（音声合成）」は，「低高高高高低低低」と，単独の単語のときからは変化してしまいます。

音声という音響信号には**言語情報**が含まれますが，それ以外にも，テンポや

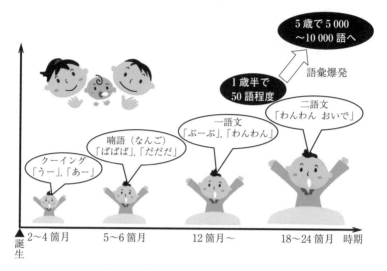

図6.5 赤ちゃんの母語獲得プロセス

リズム，声の大小や高低など，話者の意図を反映する**パラ言語**，体調や感情の動きなどを反映する**非言語情報**も含まれます。音声から話者の意図をくみ取るためには，これらの要素をすべて総合的に判断しながら，音声情報から各音素の特徴を抽出し，文に含まれる音素の特徴を統合して単語を抽出していく必要があります。このような高度な情報処理は，とても機械（コンピュータ）の手には負えず，現在でも人間の言語認知能力と機械の能力との間には大きなギャップがあります。人間の音声認知能力は，機械の音声認識能力よりもはるかに優れており，さまざまな状況でも音声を聴き取るという頑健性は機械には真似ができません。

6.3.2 子供が母語を獲得する臨界期

子どもは何歳までに自分の**母語**が決定するのでしょうか。母語とは，最も得意な言語で第一言語ともいわれ，生まれてからいわば日常的に使っている言語のことです。日本人の多くは日本語が母語です。2020年から学習指導要領が見直され，小学校3年生から英語教育が始まることになりました。歌やイラス

ト，クイズなどを通して英語を体験するのがねらいです。小学校 5 年生になると，英語が必修化されて年間 70 コマの授業が設定されます。一方，日本語が母語の人にとって英語は第二言語という位置づけです。第二言語の習得が第一言語と比べて著しく困難であることは，多くの読者も経験していることでしょう。

どのような人種の子どもであっても，母語が決定した直後からの言語学習のスピードには驚かされます。一般的な子どもの場合，1 歳半で 50 語程度だった語彙数が，3～4 歳ごろになると獲得語彙数は 1 500～3 000 語にまで増加し，さらに 5 歳になるころには 5 000～10 000 もの語彙を獲得し，日常的な会話は支障なく行えるようになります。一方，中学になってから 3 年間の英語教育を受けても，子供が母語を学習するようなスピードで第二言語を獲得（ネイティブのようにペラペラと英語が話せる）する人はほとんどいません。乳幼児が母語を獲得する過程では，養育者による語りかけが非常に重要な役割を果たすことが知られています。赤ちゃんが身じろぎもせずに，じっと耳を澄ませて母親の話を聴いている場面をよく目にします。

アメリカの発達心理学者パトリシア・クール（Patricia K. Kuhl）は，さまざまな国籍をもつ乳幼児を対象に言語獲得過程に関する研究を行い，**母語獲得の臨界期**を明らかにしました。クールは，赤ちゃんが自分の母語で使われる音を習得する臨界期（この年齢を過ぎ

★**このキーワードで検索してみよう！**

パトリシア・クール 🔍

心理学者「パトリシア・クール」の名前を検索すると，赤ちゃんの言語獲得に関する彼女の興味深い研究がヒットします。また，TED での講演の様子もヒットします。

ると言語の習得が困難になるという時期）が生後 10 箇月であることを発見しました。クールの実験には，日本人の赤ちゃんとアメリカ人の赤ちゃんとで，「r」と「l」を聴き分けられるかという実験も含まれています。

クールの実験によれば，生後 6～8 箇月までの赤ちゃんは，どの言語に対しても感受性があり養育者（母親）の言葉からその音を学習していきます。日米の比較では，臨界期前の日本人の赤ちゃんはアメリカ人の赤ちゃんと同じように「r」と「l」の聴き分けができます。ところが，生後 10 箇月になると，そ

れまでどの言語に対しても感受性を示していた赤ちゃんは養育者が話す言語の
みに興味を絞り，他の言語の音は排除するようになります。つまり，生後9箇
月までの乳幼児は，あらゆる言語の音を聴き分けることができるオールマイ
ティな状態です。しかし，生後10箇月に達するころには，養育者が話す言語
に学習対象を絞り，それ以外の言語の音に反応しなくなるのです。

　その一方で，養育者が話す言語に対してはさらに感受性が高まり，音に含ま
れる微妙な違いにも敏感になっていきます。クールの言葉を借りれば，赤ちゃ
んは臨界期前の「世界市民」から臨界期後の「文化に縛られたリスナー」にな
るのです。この本の読者も，母語に縛られたリスナーであり，それは発達の初
期段階で形成された養育者が話す言語の記憶に支配されています。つまり，乳
幼児の言語獲得プロセスでは，**生後9〜10箇月に母語**が決まります。それまで
の期間，乳幼児は養育者（多くの場合母親）による**マザリーズ**（語りかけ）を
じっと聴きながら特徴的な音をすくい取り，言語学習を日々積み上げているこ
とがわかりました。

6.3.3　乳幼児の母語獲得は実在する養育者からのみ可能

　赤ちゃんは，はたして録音音声やビデオ教材で母語の獲得ができるでしょう
か。この研究課題についても，クールは実験を行いました。まずは，保育士が
テレビを通して読み聞かせを行う実験を行いました。その結果，学習効果は
まったく現れませんでした。さらに，別なグループでは，クマのぬいぐるみの
映像を見せながら音声だけで読み聞かせる実験を行いました。このぬいぐるみ
実験でも，まったく効果が得られませんでした。この結果から，赤ちゃんが言
語音声の学習を行うためには，生身の人間の存在が不可欠であることが明らか
となりました。つまり，乳幼児の言語獲得プロセスには生身の人間が不可欠
で，赤ちゃんが音声に興味を示すかどうかは，赤ちゃんとその（実在する）育
成者との社会的な関係によって決まります。

　幼児期以降にも，言語獲得の臨界期が存在します。**図6.6**は，新たに言語を
学習したときにどの程度の言語力が得られるのかをプロットしたグラフです。

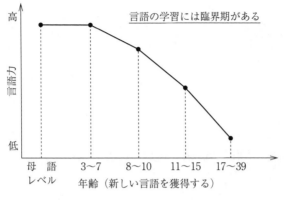

図 6.6　言語獲得の臨界期

縦軸は言語テストのスコア，横軸は年齢を示しています。また，横軸の左端はネイティブスピーカーの言語力を示します。この図からわかるとおり，生後7歳くらいまでに第二言語を学習すれば，その言語力（スコア）がネイティブ並みになることがわかります。しかし，10歳くらいになると言語力はせいぜいネイティブの8割くらいまで落ち，17歳を超えるとネイティブの1割程度の能力しか獲得できないことがわかります。やはり，中学・高校から英語に力を入れても，臨界期という壁を超えるのは相当に難しいことが，このグラフからわかります。

6.4　聴こえないはずの音が聴こえる錯覚

われわれは，日ごろから自分で見たり聴いたりしたことについて，確信をもって生活しています。外界に音源が存在すれば聴こえるはずですし，なければ聴こえないはずです。ところが，音源がないのに音が聴こえるという，ちょっと奇妙な現象があるのです。「**連続聴効果**」とは，削除されて存在しないはずの音が聞こえる，いわば錯覚です。例えば，**図 6.7**(a) に示すように，文章を読み上げた音声を録音しておきます。つぎに図 (b) に示すように，この音声ファイルの文頭から 100〜200 ms ごとに音声データを削除（無音）して

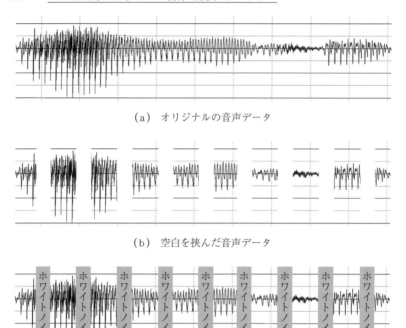

（a）　オリジナルの音声データ

（b）　空白を挟んだ音声データ

（c）　ホワイトノイズを挟んだ音声データ

図 6.7　音素修復効果

無音区間をつくっていきます。この無音区間を含む音声ファイルを聴いてみる
と，ブツブツと途切れてなにをいっているのか非常に聴き取りにくい音声にな
ります。つぎに図（c）に示すように，音声を削除した部分にホワイトノイズ
（白色雑音）を挿入していきます。ただし，このホワイトノイズの音量は，音
声の音量よりも大きくする必要があります。このホワイトノイズを挟んだ音声
ファイルを聴いてみると，削除されたはずの音声部分がノイズに埋もれながら
も残っているように聴こえます。これは，情報が欠落しているにもかかわら
ず，欠落した音が聴こえる「連続聴効果」と呼ばれています。

　連続聴効果は，音声に限ったことではなく，楽器の音でも環境音でも起こり
ます。現実には存在しないはずの音があたかも存在するように聴こえるので，
連続聴効果は明らかに錯覚です。しかし，われわれが生きている世界では，い

ままで聴いていた音が，別の偶発的に発生した音によって遮断されるような場面（例えば，人と話しているときにドアがバタンと大きな音をたてて閉まる）は頻繁に発生します。このような場合に，連続聴効果によって偶発的に遮断された音が脳内で補完され，一連の音の連続性が保たれているように知覚できる機能は，連続的な世界で生きるわれわれにとって有利に働くと解釈できます。特に音声で発声する連続聴効果を「**音素修復効果**」と呼んでいます。連続聴効果を一般的に説明すると，この効果は対象音と遮蔽音とが短時間の間に交互に提示された場合，あたかも対象音が連続しているかのように知覚される現象といえます。連続聴効果が起こる条件は，対象音を削除した部分に新たに挿入する遮蔽音の周波数成分が対象音に近く，遮蔽音の強さが対象音より強いことが必要です。

7

人間は音楽をどうやって認知しているのか？

7.1　音がまとまって聴こえる仕組み

7.1.1　ゲシュタルトの法則：音楽を聴くための基本機能

　まずは，**図7.1** を見てください。特に変わったところがあるわけではなく，夕暮れ時の都会の単なる風景写真です。背景には高層ビルがあり，ビルの手前には街路樹があってビルを遮り，街路樹の中に灯の灯った街灯が写っているように見えます。

　われわれ人間にとっては，特に苦労せずに写真の中に写っている物とその位置関係が瞬時に目に飛び込んできて把握します。しかし，この写真をコンピュータに入力して，写真の中にどのような物が，どのような位置関係で存在

この写真では，ビルと街路樹と街頭が，それぞれ別々の物として見え，それぞれの物体がどのような位置関係にあるかという奥行も感じ取ることができる

図7.1　ゲシュタルトの法則で「まとまり」として見える

しているのかを判断させようとすると，相当の困難（気の遠くなるような膨大な量のデータをコンピュータに学習させる）を伴うか，あるいは判断できないといった状況に陥ります。ところが読者の皆さんは，写真を見た途端，ビル，街路樹，街灯のそれぞれが区別でき，位置関係を理解し，どの部分が街灯の筐体で，どの部分が樹木かもすぐに判断してしまいます。さらに，この写真を撮った人が，地上から上空を仰ぎ見て写真を撮ったことまですぐにわかってしまうでしょう。人間には，非常に高度な「**ゲシュタルト認知**」という機能が備わっています。このような認知を行う規則性のことを**ゲシュタルトの法則**と呼んでいます。

　ゲシュタルトの法則は，心理学者マックス・ヴェルトハイマー（Max Wertheimer）が提唱した，人間の認知機能に関する重要な概念です。「**ゲシュタルト**（gestalt）」とは，ドイツ語で「かたち」や「構造」を意味する言葉です。人間は，対象物を部分の寄せ集めとして捉えるのではなく，全体をひとまとまりとして捉えるという考え方です。このようなアプローチをとる心理学が，ゲシュタルト心理学です。ゲシュタルト心理学では，人間の心を，**部分や要素の集合と捉えるのではなく全体性や構造**に重点を置いて捉えます。ゲシュタルト認知を生じさせる要因を「**ゲシュタルト要因**」と呼びますが，視覚に関するゲシュタルト要因が関わる法則として，七つの「ゲシュタルトの法則」が知られています。

　(1)　**近接の法則**（proximity）：

　　　　近くにあるもの同士がまとまって見える性質のことです。**図7.2**は，文を読む本来の方向とはあえて異なる方向に近接の法則が働くようにレイア

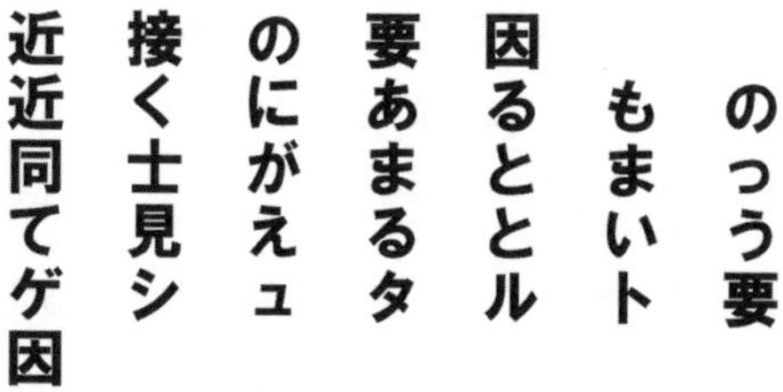

近近同てゲ因
接く士見シ
のにがェ
要あまるタ
因るととル
もまいト
のっう要

図7.2　近接の法則に逆らって配置したテキスト

ウトしたテキストです。この文章は，左上から右に向かって横方向に読みます。ゲシュタルト要因は意識することなく発動してしまいますので，図の文字はどうしても縦方向につながって見えてしまい，非常に読みにくいレイアウトです。

(2)　**類同の法則**（similarity）：

　色や形，向きなどが類似するもの同士がまとまって見える性質です。**図7.3**は，テキスト記号を並べただけの図ですが，類同の法則によって同じ記号同士が一つの意味としてまとまって見えるため，笑顔を表すマークに見えるわけです。類同の法則の身近な応用例として，リモコンのボタンがあります。同じ機能のボタンは同じ大きさと形で揃え，機能が異なるボタンは大きさや色などを変えることで，機能的な違いが一目でわかるようになっています。このようなインタラクションの手法を**コーディング**といいます。例えば，ボタンの大きさや形に意味をもたせて統一することを**シェープコーディング**といい，また色に意味をもたせる方法を**カラーコーディング**といいます。このように，類同の法則を機器のデザインで適切に利用することで，わかりやすいユーザインタフェースを設計することができるのです。

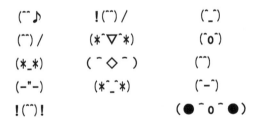

図7.3　類 同 の 法 則

(3)　**連続の法則**（continuity）：

　図形は，連続するつながりがひとまとまりのものとして認識されやすいという性質です。**図7.4**の原図は，もともとどのような要素で構成されていたかと聞かれた場合，読者の皆さんは図(a)のような構成を考えますか，

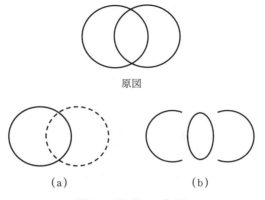

原図

（a）　　　　　　　（b）

図7.4　連続の法則

それとも図（b）のような構成を考えますか？　図（b）と答える人はいない
でしょう。これが連続の法則です。人間は，連続したものをまとまりとし
て認識しやすいのです。図（b）は，真ん中の部品は連続していますが，両
側の部品は連続性が崩壊しています。このため，われわれの中にあるゲシュ
タルト要因は，原図はもともと図（a）の構成であると見えるように仕向け
るのです。

(4)　**閉合の法則**（closure）：

　　たがいに閉じ合う形の図形がまとまって見える性質です。例えば，カッ
コがいくつも並んでいる場合，相互の距離とは関係なく，閉じ合う形を構
成するカッコ記号が一つの意味としてまとまっているように見えます。**図
7.5**に示したカッコは，図（a）でも図（b）でも閉じ合うペアでまとまって
いるように見えます。カッコ記号間の距離は，例えば「】【」のように閉じ
ない方向のほうが近いにもかかわらず，閉じ合うペアがまとまって見えま
す。つまり，この場合には近接の法則よりも閉合の法則のほうが優先され
たと解釈できるのです。図（c）は，一部が欠落した黒い円が四つ並んでい
ます。しかし，欠落の部分が内向きで閉じているため，四つの欠落部分が
一つのまとまりとして見える結果，実際には存在しない四角形が中央に浮
き出して見えます。

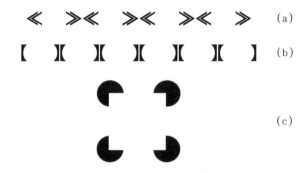

図7.5 閉 合 の 法 則

(5) **共通運命の法則**（common fate）：

　　同じ方向に動いているものや，同じ周期で点滅しているものなどがまとまって見える性質です。**図7.6**には線対称に8機の飛行機を示しましたが，この図(a)では4機ずつが同じ方向を向くように描かれています。共通運命の法則により，飛行機は二つのグループに分かれており，それぞれ異なる方向に編隊で飛んで行くようにグループごとにまとまって見えます。共通運命の法則は，近接の法則や類同の法則よりも強く作用するといわれています。図(b)では，大きさの異なる飛行機で構成された二つのグループがあり，特に点線で囲まれた部分では小さな飛行機同士が接近しています。やはりこの部分においても，類同や近接よりも共通運命の法則が強く作用し，飛行機は航行する方向でひとまとまりに見えます。

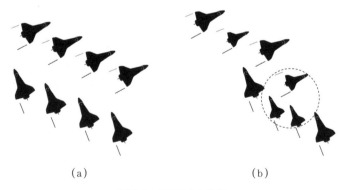

(a)　　　　　　　　　　(b)

図7.6 共通運命の法則

(6)　**面積の法則**（area）：

二つの図形が重なっている場合，面積の小さい図形が図（前景）として知覚され，面積の大きいほうが地（背景）として知覚される性質です。**図7.7**は，図 (a) も図 (b) も同じテニスラケットです。ただし，図 (a) は白色の面積が大きく，図 (b) は黒色の面積が大きく描かれています。どちらの図も，ラケット部分が面積の小さな色で描いてあるため，面積の法則によってラケットが図（前景）として知覚されます。

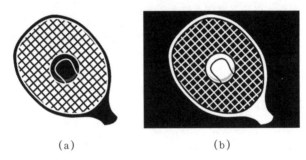

(a)　　　　　　　　　　　　(b)

図7.7　面積の法則

(7)　**対称性の法則**（symmetry）：

対称な図形ほど，まとまりとして知覚されやすいという性質です。対称な図形は，ひとまとまりとして地（背景）から分離されて見えます。左右対称な図形の例として「ルビンの壺」があります。**図7.8**には，左右対称

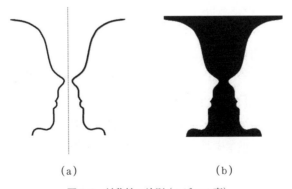

(a)　　　　　　　　　　　　(b)

図7.8　対称性の法則（ルビンの壺）

な図として「ルビンの壺」を示します。図 (a) は，線画のみで描いた「ルビンの壺」で，図 (b) は白地に黒で描いた「ルビンの壺」です。図 (a) では中心に補助線を入れてありますが，上下の線を削除してありますので，見つめ合っている 2 人の顔輪郭のように見えます。一方，図 (b) のように黒い画像にしてしまうと，壺の部分が白色の地から分離され，独立した（ひとまとまりの）壺として見えます。

7.1.2 ゲシュタルト崩壊とは？

ゲシュタルト崩壊とは，ゲシュタルトの法則が崩れる，つまりひとまとまりとして知覚しようとする機能を失ってしまうことを意味します。つまり，図形や文字などを総体として知覚することができなくなり，部分的にしか知覚できなくなるという状態です。例え

★**このキーワードで検索してみよう！**

| ゲシュタルト崩壊 | 🔍 |

「ゲシュタルト崩壊」は，まとまりとして知覚する機能が低下する状態です。誰もが経験する現象ですので，多くの実験サイトがヒットします。

ば，漢字の書取り練習を繰り返すうち，練習していた漢字がだんだん漢字として見えなくなってしまう，という経験をもつ読者も少なくないでしょう。「ある文字をじっと見つめていたら意味がわからなくなってきた」，「漢字がなんとなくバラバラに見える気がする」といった症状です。

　例えば，「あ」を短時間に，なるべく速く，できるだけたくさん書きつづける課題が与えられた場合，最初のうちは「あ」，「あ」，「あ」，「あ」というように問題なく文字を書いていきますが，だんだん「お」や「の」を書いてしまいます。また，書きつづけている途中で「こんがらがった」と感想を述べる被験者もいます。「借」，「若」，「粉」などがゲシュタルト崩壊を起こしやすい文字といわれているようです。ゲシュタルト崩壊は脳の異常というわけではなく，一時的に認知能力が低下することによって起こると考えられています。

7.1.3 聴覚でもゲシュタルト認知が起こる

　ここまで，ゲシュタルトの法則について，視覚的な具体例を交えて説明して
きました。繰り返しますが，ゲシュタルト認知とは，個別の部分のつながりに
は還元できない全体的な枠組みでわれわれは外界を認知しているということで
す。美術館であまりにもリアルな絵が展示されているとき，画家はどんな風に
描いているのだろうと近づいて見たら，キャンバス上に何気なく白い線がサッ
と引かれていて，近くで見る分にはそれがなにを意味するのかわからないので
すが，ちょっと離れてみたら，まさにその何気ない線が陽の光を見事に表現す
るポイントだった，そんな経験は多くの人がもっていると思います。まさに，
全体として見たときにだけ部分が意味をなす事象です。

　ゲシュタルト認知は，もちろん視覚
だけに限った現象ではありません。6
章において，存在しない音が聴こえる
「連続聴効果」について述べましたが，
この効果は音声フレーズを全体として
捉えているからこそ部分の補完が可能
となる認知です。連続聴効果の面白い

★このキーワードで検索してみよう！

　　盲点補完 && 実験　　🔍

「盲点補完」&&「実験」で画像検索する
と，ゲシュタルト認知によって「それっ
ぽく」欠落部分を補完してくれる脳の機
能を体験する実験サイトがヒットします。

ところは，ノイズに置き換えた部分を無音にした場合には，音が途切れている
事実をちゃんと知覚できる点です。つまり，自然界で起こりそうなこと，例え
ば，なにか連続した音を聴いている途中で，突然，なにかが倒れて大きな音が
混じり込むというような場合に，混じり込んでしまった音の部分だけを脳内で
「それっぽく」補完してしまいます。これは，実に環境適応的な能力であると
思います。情報が欠落してしまったときに脳が「それっぽく」補完してくれる
機能は，見るべき対象物がちょうど目の盲点に当たってしまったときにもその
能力を発揮します。実験サイトはネット上に多数存在しますので，体験してみ
たい人は，是非，画像検索してみて下さい。

　われわれの日常は，実にさまざまな音であふれています。音源が一つという
状況は，日常生活の中には存在しません。多くの，たがいに質の異なる音が混

合されてわれわれの耳に入ってきますが，それら音の部品がごちゃ混ぜになった混合音を適切に仕分けして意味（まとまり）のある情報を取り出せなければ，われわれ自身が環境に適応して生きていくことはできないでしょう。そういう意味では，われわれは日々，聴覚のゲシュタルト認知機能をフル活用しているといっても過言ではないでしょう。われわれが音楽を楽しむことができるのも，聴覚のゲシュタルト認知があるからです。

7.2　リズムとテンポは違う

7.2.1　リズムスキーマが音のまとまり感をつくる

「**リズム**」とは，一定の間隔で繰り返される音のまとまり感のことです。音列が，2個のまとまり，3個のまとまり，4個のまとまりを形成すると，それぞれ2拍子，3拍子，4拍子のリズムとして知覚されます。つまり，音列がまとまりとして「**体制化**」されることでリズムが形成されます。われわれがリズムを感じるような，音列のまとまりを形成する機能を**リズムスキーマ**と呼びます。リズムスキーマはゲシュタルトの法則に従っており，特に「近接」と「類同」の法則によって安定したリズム感が形成されます。音のまとまり感を形成するためには，音に強弱を付与して繰り返す，音に長短を付与して繰り返す，などにより体制化が自然に行われるようにすることが重要です。グループを構成する音の数が増えると，一つのグループとして知覚される音のまとまり感が内部構造をもつように感じられます。例えば，4拍子が2拍子＋2拍子に感じられたり，6拍子が3拍子＋3拍子に感じられたりします。

7.2.2　強拍と弱拍の繰返しパターンがリズムを形成する

リズムもゲシュタルトの法則に支配されています。近接の法則によって，発音のタイミングが近い音同士が「まとまり」として知覚されやすい性質があります。また，類同の法則によって，質的に類似する音同士もまとまりとして知覚されやすい性質があります。

3拍子であれば「強・弱・弱」，4拍子であれば「強・弱・中強・弱」という強弱のアクセントを付けます。強い拍を**強拍（ダウンビート）**，弱い拍を**弱拍（アップビート）**と呼んでいます。ポピュラーやジャズ音楽では，強拍と弱拍を入れ替える**アフタービート（またはオフビート）**というリズムがあります。4拍子のアフタービートであれば，「弱強弱強」というリズムです。

　多くの楽曲では，**図7.9**に示すように最初の小節の第1拍目は強拍から始めますが，あえて弱拍から始まるような楽曲もあります。例えばクラシックでは，ベートーベン作曲の交響曲第5番（運命）の冒頭，いわゆる「ジャジャジャ，ジャーン」の部分では，第1小節目の最初の音が8分休符で最初の強拍が無音です。つまり，楽譜には「＿ジャジャジャ，ジャーン」と記されています。このように，楽曲の出だしである最初の強拍部分を外して，あえて弱拍から始める作曲技法を「**弱起（アウフタクト）**」と呼びます。弱起とする目的は作曲家によってそれぞれですが，例えば，ベートーベンの交響曲第5番（運命）では，「＿ジャジャジャ，ジャーン」の最後の「ジャーン」を強調するためと解釈されています。また，曲の途中で強拍と弱拍を入れ替える「**シンコペーション**」という技法が，特にジャズなどにおいてよく使われています。例えば，弱拍から次の小節の強拍にタイ（音を伸ばす）をかけて，同じ音を引き伸ばすといった方法です。シンコペーションによって，いままで進行していたリズムが突然変化して拍がずれたように聴こえるため，聴き手に対して強いインパクトを残すことができるといわれています。

図7.9 音の強弱とリズムの形成

7.2.3　テンポとは音列の進行の速さ

「**テンポ**」とは，音列が進行する速さのことです。テンポが速い楽曲ほど軽く，明るく，活発な印象を与え，テンポが遅いほど重く，暗く，鎮静感があるように知覚されます。人間にとって自然なテンポも存在します。例えば，自分の好きなテンポで机をたたいてもらうと，「自発的テンポ」は 0.6 秒を中心として 0.38～0.88 秒程度の周期でばらつきます。多くの人が，最も自然に感じられるテンポの周期は，0.5～0.6 秒程度です。

音楽では，**BPM**（beats per minute）という単位が用いられます（**表 7.1**）。BPM は，簡単にいえば 1 分間当りの拍数です。例えば，1 分間（つまり 60 秒）に 60 拍であれば BPM は 60 で，これは 1 秒間に 1 拍の速さで進行する計算になります。先に述べた人間にとって自然なテンポである 0.5 秒で 1 拍であれば，これは 1 秒当り 2 拍であり，60 秒なら 120 BPM となります。楽曲では，曲の性格やジャンルによって BPM のだいたいの目安が決まっています。例えば，子供たちが踊るようなテンポの曲では，BPM は 100 程度で，これ以上 BPM が低いとリズムに乗れなくなるギリギリの速さです。ダンスミュージックやファンクなどの楽曲の BPM は 150 程度です。BPM が 200 を超えるような曲では，だんだんビートに追いついていけなくなってきます。

表 7.1　曲の性格と BPM 値の基準

曲の性格（ジャンル）	BPM
スピード感のあるハードコア，パンクロックなど	180～200
アップテンポなダンス系，ハイテンポなロックなど	150～170
ミドルテンポの J-POP やロック，ジャズなど	90～140
バラードなどゆったりした曲	90～ 80

7.3　メロディが聴こえる仕組み

7.3.1　音の群化がメロディをつくる

メロディはピッチ（音の高さ）の変化で生じますが，人間がメロディとして

認知するのはピッチの変化を「意味のある情報」として解釈したときです。人間が受け取った情報を「まとまり（ゲシュタルト）」のある事象として知覚しようとする機能を，「**群化**」または「**体制化**」と呼びます。人間が一連の音列を聴くとき，ピッチの連なりが群化（体制化）されたときに，その音列はメロディとして聴こえます。ゲシュタルトの法則を当てはめれば，「近接」や「類同」によって音列のピッチがたがいに近い場合，例えば「楽器の音質が近い」，「ピッチがなだらかに変化する」などでピッチの群化が生じます。

ピッチが近い音同士がつながってメロディが聴こえる例として，チャイコフスキーの交響曲6番「悲愴」の第4楽章冒頭部のファーストバイオリンとセカンドバイオリンのパート譜と演奏を聴いた感じが少し乖離する例は有名です（図7.10）。

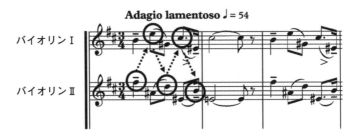

図7.10 チャイコフスキー・交響曲6番第4楽章冒頭（バイオリン）

もともとファーストバイオリンとセカンドバイオリンは，それぞれが受け持つ音域が違っており，オーケストラの中でも役割が分担されています。チャイコフスキーは，このパートでファーストバイオリンとセカンドバイオリンが主旋律を1音ごとに交互に弾くという独創的なオーケストレーションを行いました。この交響曲の第4楽章冒頭部では，演奏者が譜面どおりに演奏すると，聴衆には図の二つのメロディの丸で囲んだ音符が一つのメロディとしてなめらかにつながっている（図の点線をたどっている）ように聴こえます。これは，ゲシュタルトの近接および類同の二つの法則によって，丸で囲んだ音符のつながりのほうが強いまとまりをつくってしまうために起こることです。このようなゲシュ

タルト認知を用いて，楽曲に面白い仕掛けを施す作曲家は少なくありません。

7.3.2 音列がメロディとして聴こえる音脈分凝という現象

例えば，ピッチ（音の高さ）の異なる二つの音「ピ」と「ポ」を交互に繰り返して聴くと，二つの音「ピ」と「ポ」の時間間隔が長いときには「ピポピポピポ」と交互に聴こえます。ところが，「ピ」と「ポ」の時間間隔を短くしていくと，あるときを境にして「ピ」という高い音の繰返しと「ポ」という低い音の繰返しが分離して，二つの音列が同時並行で流れているように聞こえてきます。このように，音が分離して聴こえる現象を**音脈分凝（ストリームセグリゲーション）**といいます。この場合には，「ピ」の連続音列と「ポ」の連続音列がそれぞれ知覚的なまとまりを形成（ゲシュタルト認知）したといえます。このようなゲシュタルト認知が，音脈分凝（ストリームセグリゲーション）です。

ゲシュタルトの近接の法則により，ピッチの近い音同士は一つのまとまりとして流れ（メロディ）を形成します。例えば，同じピアノの音でも，高音部のメロディラインと低音部の伴奏がそれぞれ別々の流れに聴こえるのは，高音部と低音部の音列それぞれが近接の法則でまとまりを形成するためです。先に触れたチャイコフスキーの第6交響曲4楽章冒頭のメロディの錯覚も，同じ楽器で音質が近い第1バイオリンと第2バイオリンの間でピッチの近い音がたがいにまとまって知覚された結果です。チャイコフスキーにかぎらず，多くの作曲家が楽曲にさまざまな仕掛けを盛り込んで，新しい音楽を創造してきました。

図7.11はF. ショパン作曲「エチュード　作品25の1」の冒頭部分です。この曲は，流れるような美しい分散和音が特徴で，この曲を聴いたR. シューマンが「まるでエオリアンハープを聞いているようだ」といったことから，この曲には「エオリアンハープ」という別名が付与されたといわれています。ただし，ショパン自身は自分の楽曲に標題を付与することを嫌っていたようで，自分で自分の曲に標題を付けることはありませんでした。

この練習曲では，丸で囲んだ音を強調して音脈分凝を促し，小さく書かれた連符には分散和音としての伴奏を受け持たせるよう指示されています。この連

ショパン：
練習曲 作品 25 の 1/変イ長調

図 7.11 ショパン：練習曲 作品 25 の 1

符の分散和音は，打鍵の時間間隔が長すぎると美しいメロディが浮かび上がってきません。一定のスピードで軽快に演奏することで，音脈分凝が発生することがよく理解できる面白い楽曲です。音脈分凝は，テンポが速いほど，また各音列間のピッチが離れているほど生じやすいことが知られています。

★このキーワードで検索してみよう！

| エオリアンハープ 🔍 |

「エオリアンハープ」は風を受けて弦付近でカルマン渦が発生し，それが筺体で共鳴するというめずらしい楽器です。しかし，このワードで検索すると，ヒットするのはほとんどがショパンの練習曲です。

例えば，2 音のピッチ間隔が 2 半音以下で狭い場合には，テンポを速くしても音脈分凝は起こらず，1 種類の音列の流れの中でのトリル（2 音を素早く交互に弾く演奏法）のように聞こえます。2 音で音脈分凝が生ずるためには，ピッチの差が 3 半音以上隔たっている必要があります（半音については，7.4.2 項 (3) の"平均律"，および図 7.15 を参照）。

7.3.3 楽曲の情感を決める調性

例えば「心に残る曲」とか「退屈な曲」といったように，メロディから感じる情感は単なるピッチの変化だけでは生まれません。ピッチの変化をメロディとして理解するためには，**調性**やリズムの枠組みを必要とします。つまり，音列のピッチの変化をメロディとして理解するためには，**調性感**という枠組みが必要であるということです。調性の枠組みが形成されると，音列を構成する各

音が調性という枠組みの中でどのような位置（役割）を占めるか，という解釈を行うことができるようになります。このような処理を「**調性的体制化**（tonal organization）」と呼びます。この調性的体制化の結果，音の流れの中でのピッチの変化にゲシュタルトがもたらされ，メロディとして知覚されます。

7.3.4　調性スキーマでメロディを理解する

　メロディの理解（ピッチの変化をどんなまとまりとして捉えるか）においては，音楽を処理する認知的枠組みである**調性スキーマ**が強く影響を及ぼします。もともと調性とは，メロディとしてのまとまりをもたらす中心的な音を指します。メロディの各フレーズにおいて中心的な音とは，例えば，**主音**で終結する，主音に長く留まる，主音が強調されるなどで，このような状況を「主音が支配的な役割を果たす」といった言い方をします。つまり，調性とは主音によって秩序が構築され，主音を参照点として他の音が位置づけられるような，中心的な音を意味します。

　一方，スキーマは認知心理学で用いられる概念で，構造化（抽象化）された知識のことです。例えば，日本の国内には多数の自動販売機が設置されており，さまざまな商品を自動販売機から購入することができます。しかし，よく見ると自動販売機はその種類によって具体的な購入の手続きが異なります。ある販売機は，商品サンプルが並んでいて，購入者はコインを投入してからサンプル近辺に配置されたボタンを押し，下方にある取出口から商品を取り出して購入が完了します。しかし，他の販売機では購入者をカメラで撮影しその特徴からおすすめ商品をディスプレイ装置に表示し，購入者の許可を得た場合には商品を取出口に送出します。一見，両販売機での具体的な操作は異なりますが，操作を構造化（抽象化）すれば，購入者がサンプルを確認してコインを投入し決済後に取出口から商品を取り出すプロセスは共通しています。このように，人間の認知的な知識を構造化したものを**スキーマ**と呼んでいます。

　調性スキーマは，メロディとしてのまとまりをもたらす中心的な音とそこから関連づけられる他の音（中心音とは異なるピッチ）との構造的な関係です。

メロディは，基本的にはこの構造の中で動いていきます。例えば，C音を中心音とするハ長調であれば，メロディは中心音のドで始まり，派生音に飛んで，最後にドに戻ってきます。この調性スキーマの中でメロディが動いていれば，聴衆は安定した調性感をもってメロディを聴くことができるのです。多くの典型的な音楽書では，西洋音楽の全音階に基づいて24種類の調性で音楽を捉えようとしますが，実際の調性スキーマは民族や文化によって異なります。

　例えば，日本の国歌である「君が代」を最後まで聴いたとき，日本人（日本国内で教育を受けた人）であれば「曲が終わった」という終結感を感じますが，外国人が君が代を最後まで聴いたときには，「終わった感じがしない」という印象をもつ人がいるようです。このように，メロディの理解は，基本的には**調性的中心音**（tonal center）と他の**派生音**との構造的な関係を理解することに他なりません。この調性的中心音は西洋音楽の全音階でいう"調"の主音に当たり，この主音の音名が調名（調性の名前）に当たります。メロディとして認知されたピッチの連なりはパターン化されて理解されるため，記憶にも残りやすいことがわかっています。つまり，調性的なメロディは記憶しやすいが，非調性的なメロディは記憶することが難しいことを意味します。調性的なメロディには「まとまり感」，「自然さ」，「旋律らしさ」があることは，この本の多くの読者が実感していることと思います。

7.4　音律は音と音とのピッチの相対的な関係

7.4.1　音楽で使われるさまざまな音律

　弦をピンと張って固定し，弦の中央付近をはじくと弦が振動して音が鳴ります。この弦の長さを伸ばして固定し弦をはじくと，元の長さの弦のときよりも低い音が鳴ります。逆に，弦の長さを短くすると元の長さのときよりも高い音が鳴ります。つまり，弦をはじいたときに出る音の高さは，弦の長さに反比例します。弦の長さを元の長さの2分の1にすると，音の周波数は元の長さのちょうど2倍になります。任意の長さで弦を張ったときに出る音の周波数 f_0 を「ド」

とした場合，その弦の長さを半分にしたときに出る音の周波数 f_1 は，伸ばす前の音 f_0 の2倍の周波数の「ド」になります。つまり，$f_1 = 2 \times f_0$ という関係が成り立ちます。周波数 f_0 の「ド」に対して，周波数が2倍の $2 \times f_0 = f_1$ の関係を **1オクターブ** といいます。

西洋音楽では，ある「ド」から1オクターブ高い「ド」の間に，例えば「レ」，「ミ」，「ファ」，「ソ」，「ラ」，「シ」が存在します。では，それらの音にはどのような周波数の音を割り当てれば，自然なドレミファソラシになるでしょうか。**音律** とは，各音の音高（ピッチ）の相対的な関係，つまりドレミファソラシにそれぞれどのような周波数の音を割り当てるか，という音と音とのピッチにおける相対的な関係のことです。

7.4.2　ピタゴラス音律/純正律/平均律

古代ギリシアの数学者/哲学者 **ピタゴラス**（Pythagoras）は，1オクターブの中で **主音と最も調和する音は周波数比で3/2の関係にある完全5度**（例えば，ドとソの関係など）であることを発見しました。主音の周波数を f_0 とすれば，完全5度上は $f_0 \times 3/2$ の周波数の音です。したがって，主音の弦の長さを λ_0 とすれば，弦の長さを $\lambda_0 \times 2/3$ にしたときの音が完全5度上の音です。

図7.12 のギターでは，開放弦に対してブリッジから2/3に当たる弦の長さ

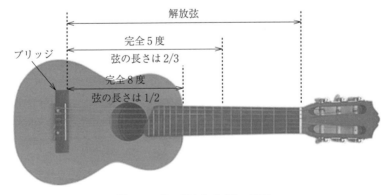

図7.12　弦の長さと音高との関係

の音が完全5度上の音です。また，開放弦に対してブリッジから 1/2 に当たる弦の長さの音が，完全8度すなわち1オクターブ上の音です。

(1) ピタゴラス音律：

ピタゴラスが考えた音律では，この完全5度を繰り返していくことでドレミファソラシに各音を割り当てていきます。つまり，主音から5度上の音に対して 3/2 の周波数の音を割り当て，そのまた5度上の音に対してさらに 3/2 の音を割り当て，さらにその5度上というように繰り返していきます。

図 7.13 は，ピタゴラス音律における音の割当て方を示したものです。例えば，主音を「ド」としてその周波数を f〔Hz〕とします。この「ド」の5度上の音とは，「ド (1)」，「レ (2)」，「ミ (3)」，「ファ (4)」，「ソ (5)」で，「ソ」ということになります。音程を数える場合，自分自身，つまり「ド」から見て「ド」は1度とカウントしますので，「ド」から数えて5度上の音は「ソ」ということになるのです。したがって，「ソ」の音に割り当てる周波数は $f \times 3/2$〔Hz〕です。

つぎは，「ソ」から5度上の音ですが，「ソ」，「ラ」，「シ」，「ド」，「レ」で「レ」です。ただし，単純に「ソ」の周波数を 3/2 倍にすると，最初の f の1オクターブ上の「ド」を超えてしまいます。もともとの目的は，1オ

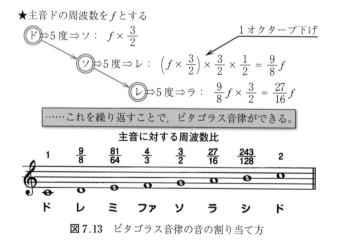

図 7.13 ピタゴラス音律の音の割り当て方

クターブ内の各音に割り当てる周波数を決めることでしたので，1オクターブはみ出した分を取り戻すために1/2倍します。したがって「レ」に割り当てる周波数は，$(f \times 3/2) \times (3/2) \times (1/2) = f \times 9/8$〔Hz〕です。さらに「レ」の5度上は「ラ」ですので，$(f \times 9/8) \times (3/2) = f \times 27/16$〔Hz〕です。つぎの「ラ」の5度上は「ミ」ですが，またオクターブをはみ出してしまいますので1/2を掛けて$f \times 81/64$〔Hz〕を割り当てます。この作業を繰り返していくことにより，すべての音の周波数を決めることができます。このようにして割り当てた音律を「ピタゴラス音律」と呼んでいます。

ピタゴラス音律は，完全5度を積み上げていく音律であるため，完全5度の音程は美しく響きます。ピタゴラスが生きた時代（紀元前580年〜500年ごろ）の音楽は，例えばグレゴリア聖歌などの教会音楽が主流で単旋律であり，現代の音楽で多用される3度の和音などは使われていませんでした。したがって，**モノフォニー**（単音）が中心のこの時代の楽曲では，ピタゴラス音律は美しく響いていました。

ところが，15世紀以降になると多声音楽（和声）が複雑化して3度や6度の和音が用いられるようになりました。すると，完全5度を積み上げたピタゴラス音律では快く響かないという問題が発生するようになりました。モノフォニーが中心の楽曲であれば問題にはならなかったことが，音楽が複雑になり3度や6度の音程が多用される**ポリフォニー**の時代になると，ピタゴラス音律では響きが濁るという問題が起こりました。

(2) **純 正 律**：

ピタゴラス音律の欠点を克服して，3度の音程も美しく響くように工夫した音律です。各音に割り当てられる周波数比率は，単純な数であるほうが美しく響くことが知られています。しかし，ピタゴラス音律では，例えば「ド」から見た「ミ」といった長3度の比率は81/64で分母および分子共に大きな数となっており，完全5度の「ソ」などとは大きな隔たりがあります（長3度，短3度については，7.5.2項参照）。純正律では，二音を重ねたときの周波数比がなるべく単純な数となるように，完全5度の2:3

と長3度の4：5を組み合わせて音律を構成します。

　図7.14 は，「ド」を主音としたときのピタゴラス音律と純正律を比較したものです。上側がピタゴラス音律，下側が純正律です。純正律を構成する上では，ピタゴラス音律においてピッチの比率が単純比の条件を満たしている「レ，ファ，ソ」はそのまま残します。一方，ピッチの比率が複雑な「ミ，ラ，シ」については，完全5度ではなく長3度の4：5の比率を適用します。つまり，「ド⇒ミ」「ファ⇒ラ」「ソ⇒シ」において5/4倍の周波数（長3度上の音）を割り当てます。このようにして構成された音律が純正律（図の下側）です。ピタゴラス音律において，音間のピッチ比率が複雑だった関係が改善されていることがわかります。

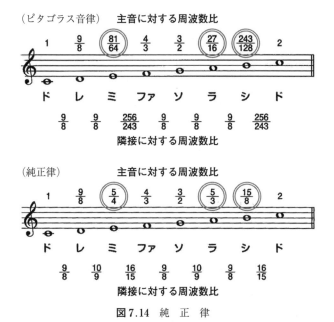

図7.14　純　正　律

　純正律では，基準となる主音（ド）とそれ以外の各音との周波数比がオクターブにわたって単純な比となるため，ピタゴラス音律で問題とされた3度や6度も含めて美しい和音の響きをつくり出すことができます。しかし，純正律も完全なわけではなく，問題点もありました。図に示した音律

の五線の下に隣接する音間の比率を示しました。これを見ると，ピタゴラス音律では，「ミ⇒ファ」や「シ⇒ド」の半音の音間比率は 256/243，「ド⇒レ」や「レ⇒ミ」など全音の音間比率は 9/8 でどこでも一様でした（半音，全音については，つぎの“平均律”，および図 7.15 を参照）。ところが純正律の場合，半音の比率は 16/15 ですが，全音において大全音 9/8 と小全音 10/9 の 2 種類が存在します。つまり，同じ 1 オクターブ内の音程の中であるにもかかわらず，場所によって全音間の比率が異なってしまうのです。主音が「ド」のままであれば比較的問題は小さいのですが，楽曲の途中で転調すると，もともと純正律で目指していた周波数のバランスが崩れてしまうという欠点があります。

(3) 平 均 律：

現在，われわれが日常耳にする音楽で最も多く使われている音律です。例えば，ピアノの鍵盤でいえば，1 オクターブには七つの白鍵と五つの黒鍵，合計で 12 個の鍵盤があります。これら 12 の音の間隔が**半音**で，これらすべての音を均等の周波数比で構成した音律が平均律です。

平均律は，1 オクターブすなわち主音とその 2 倍の周波数までの音を 12 等分の比率に分割する方法です。これは，12 回掛けると周波数が 2 倍になるように各音の周波数を決めていくということです。12 回掛けると 2 になる数値なので，1 回当りの掛け算では 2 の 12 乗根，つまり $\sqrt[12]{2}$ $(= 2^{1/12})$ を用います。これを小数値にすると 1.059 463 094... で，単純な周波数比とはなりません。仮に主音の周波数を f_0〔Hz〕とすれば，つぎの半音上の音は $f_0 \times 2^{1/12} = f_0 \times 1.059\,46$〔Hz〕です。そのつぎの半音上の音は，$(f_0 \times 2^{1/12}) \times 2^{1/12} = f_0 \times 2^{2/12}$〔Hz〕，さらにその半音上は $f_0 \times 2^{3/12}$〔Hz〕というように割り当てていきます。

例えば，コンサートの開始時にオーケストラが音合わせを行いますが，この基準となる音はオーボエの「ラ（A）」で標準的な周波数は 440 Hz です。これに合わせて平均律で各音に周波数を割り当てていくと，つぎのように周波数が上がっていきます。

　表 7.2は，基準とする音「ラ（A）」を 440 Hz としたときの平均律の音名と周波数をまとめたものです。最初の「ラ（A）」に 1 半音当り $2^{1/12}$（1.059 463）を掛けていくと，それぞれの音に割り当てるべき周波数がこの表に示すように決まっていきます。このようにして平均律の周波数比率を逐次掛けていくと，最後に $f_0 \times 2^{12/12} = f_0 \times 2$〔Hz〕で，1 オクターブ上の「ラ（A）」880 Hz となっていることがわかります。平均律は，ピタゴラス音律や純正律が目指したような「単純な整数比」という理想を捨てて，とにかくオクターブを均等割りにするという妥協の結果ですが，結果的には，どのような転調にも対応でき，多様な音楽に応えうる便利な音律という側面をもつことになりました。

表 7.2　平均律の音名（♯系）と周波数

音　　名	周波数〔Hz〕
A	440.000
A♯	466.164
B	493.883
C	523.251
C♯	554.365
D	587.330
D♯	622.254
E	659.255
E♯	698.456
F	739.989
G	783.991
G♯	830.609
A（オクターブ）	880.000

7.5　音 階 と 調 性

7.5.1　音階とはなにか？

われわれは通常，楽曲のメロディを「ド，レ，ミ，ファ，ソ，ラ，シ」とい

うように音名で表現します。このように，例えばメロディ表現で使う音高の
セットが「**音階（スケール）**」です。西洋音楽で用いる 12 種類のピッチを有す
る音を，特定の規則に従って並べたものが音階です。現在，西洋音楽で用いら
れる音階は長音階と短音階ですが，具体的な音階はオクターブ内（半音を含む
12 音）のどの音から開始するかによって区別されます。例えば「ハ（C）長調」
で考えた場合，ドから始まるピアノの白鍵同士の音の高さの関係は「全音－全
音－半音－全音－全音－全音－半音」となります。このような音の並びを「音
階」と呼びます。**図 7.15** に示すような，1 オクターブの中に五つの全音と二
つの半音がある音階を，**全音階（ダイアトニックスケール）**といいます。「ダ
イアトニック（di-a-tonic）」の di はラテン語で「二つ」の意味，tonic は「主
音」の意味です。

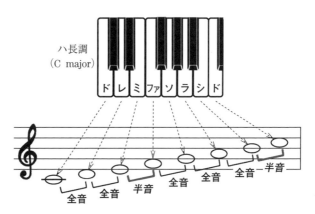

図 7.15 ハ長調の音階

　なぜ「二つ」の「主音」かというと，例えば，図の前半部分における「ド，
レ，ミ，ファ」の「全－全－半」と，後半部分における「ソ，ラ，シ，ド」の
「全－全－半」は同じ音程構造です。前半部分は「ド」が主音の 4 音（テトラ
コード），後半は「ソ」が主音の 4 音で，この二つをつなげたものが音階なの
で，ダイアトニックスケールと呼ばれているのです。この全音階は西洋音楽の
最も基本的な音階構造であり，長音階と短音階とがあります。

7.5.2　長音階と短音階はどう違うのか？

　歌や器楽曲などの楽譜には，「○○長調」とか「△△短調」といったことが示されています。また，読者の皆さんも小学校の時代に「長調の曲は明るい感じ」で「短調の曲は寂しい感じ」などと学習したのではないかと思います。明るい感じだから長調，寂しい感じだから短調ということではありません。では，長調の曲や短調の曲とはなんなのでしょうか。長調/短調は，音階に含まれる音の並び方で決まります。長音階を用いている曲が長調の曲，短音階を用いる曲が短調の曲です。では，長音階と短音階はなにが違うのでしょうか。

　「ド，レ，ミ，ファ，ソ，ラ，シ」の各音と音のピッチがどのように並んでいるのかが音階（スケール）であることを前節で述べました。主音から音階を上ったときに，各音間のピッチが全音－全音－半音－全音－全音－全音－半音という規則に従うのが「長音階」です。図7.15に示したハ長調では，ド，レ，ミ，ファ，ソ，ラ，シ，ドの各音間のピッチの距離が全音－全音－半音－全音－全音－全音－半音という構造であり，これが長音階です。鍵盤上では，白鍵と黒鍵の間は半音です。ミとファの間に黒鍵がありませんが，これはもともとミとファの音程（ピッチ間の距離）が半音だからです。図7.15の場合，主音が「ハ（C）」の音で，音階が「長音階」なので「ハ長調音階」です。鍵盤上のレの音（ニ（D））から始めた場合には，レから始めて順番に全音－全音－半音－全音－全音－全音－半音になるように鍵盤をたどっていけば，それは主音が「ニ（D）」で「長音階」，すなわちニ長調音階となります。同様の考え方をすると，1オクターブの中には12個の音がありますので，12種類の長音階をつくることができます。

　短音階の場合には，各音間のピッチ上の距離が全音－半音－全音－全音－半音－全音－全音という関係が成り立っています。例えば，ハ長調から3度ピッチを下げると「イ（A）」の音に当たります。この「イ（A）」の音から始めて順番に全音－半音－全音－全音－半音－全音－全音とたどっていくと，主音が「イ（A）」で「短音階」なのでイ短調音階です。**図7.16**は，イ短調（A minor）の音階です。図に示すように，イ短調ではラ，シ，ド，レ，ミ，ファ，

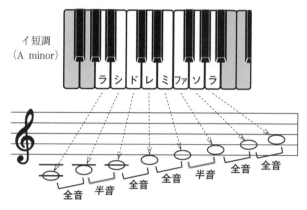

図 7.16 イ短調の音階

ソ，ラの各音間のピッチ上の距離が全音 – 半音 – 全音 – 全音 – 半音 – 全音 – 全音という構造をもつことがわかります。図7.15と図7.16を比べると，音階の中で使っている鍵盤が同じ（すべて白鍵）です。つまり，音階を構成する音が共通しているということであり，このような関係を**平行調**と呼んでいます。長音階と，その主音の3度下の音を主音とする短音階は，たがいに平行調の関係にあります。

図7.17は，鍵盤をばらして半音ごとに直線的に並べたものです。上がハ長調でドから始まる長調，下はハ長調の平行調であるイ短調でラから始まる短調です。白鍵に当たる音を**幹音**と呼びますが，ハ長調もイ短調も幹音のみで構成

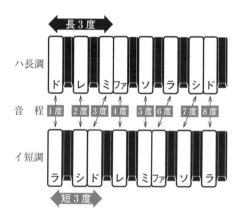

図 7.17 長3度と短3度

されています。この図で，主音から1度，2度，3度と音階を上っていくと，2度まではハ長調とイ短調で同じ位置（主音からの距離が等しい）ですが，3度の音を見るとハ長調の3度よりもイ短調の3度のほうが短いことがわかります。この主音から3度の音までですが，距離が長いほうが長調で「**長3度**」と呼ばれ，距離が短いほうが短調で「**短3度**」と呼ばれています。この違いが「長調」と「短調」の違いを生み出しています。

7.5.3　調性とコードは音階を基本として構成される

　ピッチを表す「ハ，ニ，ホ，ヘ，ト，イ，ロ」は「**音名**」と呼ばれています。英語やドイツ語などでは，アルファベットを用いて「C，D，E，F，G，A，B」のように音名を表現します。12種類のピッチを有する音を，特定の規則に従って並べた音のセットが音階であることを説明しました。つまり音階とは，各音をどのような距離感覚で並べるかを意味します。

　一方「調」とは，楽曲で使っている音階が「どの音を中心としていて，音がどのような距離感覚で並んでいるのか」を意味します。その音階の主音名が調の名前になっています。音階を開始する主音は，1オクターブ内に12種類ありますので，長調と短調それぞれ12種類，合計24種類の調があります。

　ハ長調音階を構成する各7音それぞれに，3度と5度（1音飛ばし）の音を積み重ねて3音の和音（トライアドコード）をつくることができます。**図7.18**に示す各和音の黒色の音を**根音**（**ルート**）と呼びます。この根音は，ちょうどハ長調の長音階（メジャースケール）になっています。このように3和音をつくっていくと，C，Dm，Em，F，G，Am，Bm^(♭5)の各和音ができます。ここで「m」はマイナー（短調）を表しています。図に示した各和音は，それ

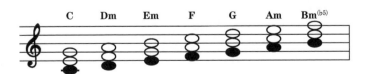

図7.18　ダイアトニックコード

ぞれ受ける印象が異なります。この和音をシーケンシャルに並べて音を聴いてみると，その並べ方によってさまざまな印象が形成されますが，これが**コード進行**です。コード進行では，たがいに相性のよい組合せと相性の悪い組合せがあります。例えば，図のメジャーキーのみを抽出して，「C」⇒「F」⇒「G」⇒「C」というシーケンスを聴いてみると曲らしい進行となります。各コードにはそれぞれ異なる響きがあり，コードを変えることで響きの変化が感じられます。作曲する場合には，各コード間の相性や自分が表現したい印象に合わせてコード進行をデザインしていきます。

8

音はどうすれば記録・再生できるのか？

8.1 音を記録したいという需要は古くからあった

8.1.1 トーマス・エジソンによるフォノグラフの発明

　畜音（録音・再生）技術の歴史は，トーマス・エジソン（Thomas Alva Edison）が，直径 8 cm の金属の円筒表面にスズ箔を貼った装置に音を記録し再生するという「**フォノグラフ（phonograph）**」を発明（1877 年）したのが始まりです（**図 8.1**）。

　フォノグラフは，1877 年 12 月にエジソンが所長を勤めていたメンロパーク

トーマス・エジソンとろう管式蓄音機 2 号機（1878 年 4 月）
出典：Brady-Handy Photograph Collection

図 8.1 エジソンが発明したフォノグラフ

研究所でつくられましたが，当初のエジソンの目的は音声を記録することでした。後に大きな産業分野に発展する音楽の記録には，エジソンは思い至らなかったようです。フォノグラフの発想のポイントは，空気の振動をそのまま記録できないのであれば，別の形に置き換えて保存すればよい，という考え方にあります。フォノグラフは，**図8.2**に示すような仕組みで蓄音します。

(1)　外部から入る音波の圧力によって振動板が振動し，振動板とつながっている針に音波の振動を伝えます。その間，円筒管は一定速度で回転させます。

(2)　音による圧力変化（振動）が針に伝わると，針先が円筒管のスズ箔に溝を刻んでいき，音波の振動が円筒表面に刻まれた溝の凹凸パターンとして記録されます。

(3)　音を再生する場合，溝が刻まれた回転円筒に針を当てると，溝の凹凸によって針が振動し，その振動が振動板に伝搬します。振動板が振動することで疎密波が発生し音として発散されます。円筒管上に当てられた細い針が振動しただけでは，音の出力は非常に小さいため，振動板を振動させて音を増幅しています。

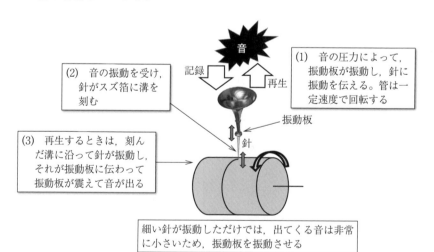

図8.2　フォノグラフで蓄音/再生する仕組み

金属円筒とスズ箔の組合せはコストや音質面で実用的ではなかったため，後にフォノグラフの記録媒体は改良され，紙円筒にワックス（蝋）を塗った媒体，さらには円筒全体を蝋でつくった分厚い筒となりました。円筒全体を厚い蝋でつくる蝋管方式とすることによって，一度録音した媒体でも表面を削ることで再利用できるようになり，商用ベースに乗るきっかけとなりました。その後，録音ずみの蝋管が売られ始めるとともにフォノグラフを個人所有する人も徐々に増え，一般家庭にも普及していきました。

8.1.2 フォノグラフからグラモフォンへの発展

フォノグラフが発明されてから10年後の1887年，ドイツのエミール・ベルリナー（Emil Berliner）は，記録面を円盤型にした記録方式である「**グラモフォン（Gramophone）**」を発明しました（**図8.3**）。エジソンのフォノグラフが円筒に音を記録していたのに対し，グラモフォンでは，水平に設置されたターンテーブル上に円盤の記録メディアを載せて再生する，という方式でした。グラモフォンが円盤式の記録メディアを採用した理由は，エジソンが取得した円筒方式の特許を回避するためだったようです。しかし，円盤としたことによって多くのメリットが生まれました。なによりも，記録面が円盤であるため，最初に原版をつくってしまえばプレス加工によって複製品をたくさんつくれるようになったのは，たいへん大きなメリットでした。また，円筒よりも円

図8.3 記録面をディスク型
にしたグラモフォン

盤のほうが収納しやすく，円盤の中央部にはレーベルを貼付できるなど，現代のCDやDVDにもつながる付加的なメリットもありました。

ベルリナーは，1898年にドイツのハノーファーでドイツ・グラモフォン社を設立しました。その後，ベルリナーのグラモフォンは1900年ごろにはエジソンのフォノグラフをしのぐ売行きとなったようです。ドイツ・グラモフォンは，現在では世界で最も長い歴史をもつクラシック音楽のレコードレーベルになるほどに成長しました。

8.1.3 針の振動を増幅するサウンドボックス

エジソン方式およびベルリナー方式共に，針の振動だけでは大きな音量が出せないという限界があります。そこで，レコード盤から拾った針の振動を増幅する**サウンドボックス**が開発されました。サウンドボックスは，針の小さな振動から，テコの原理を使って大きな音を生み出す仕組みです。

図8.4は，サウンドボックスの基本構造を示したものです。レコードには横方向に振動する溝のパターンが刻まれています。この溝は，初期のグラモフォンでは縦方向に振動する溝もあったようですが，後には横方向に統一されました。レコード盤は一定の速度で回転していますが，このレコード盤面に針が接

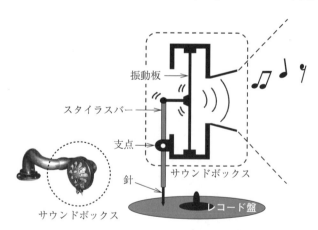

図8.4 サウンドボックスの基本構造

しています。針は，レコード盤の溝をたどって行きますが，そのときの針先に加わった横方向の振動がスタイラスバーに伝達され，支点の部分において「テコの原理」により振動が増幅されて，その先につながっている振動板を振動させます。このように，針先の振動はテコの原理で増幅され，スピーカーに相当する振動板に伝達されて音が再生されます。サウンドボックスの前面には円錐型のホーンが接続され，ここでさらに音が拡大されます。

8.2 アナログオーディオの仕組み

8.2.1 機械式オーディオから電気式オーディオへ

1920 年にアメリカでラジオ放送が始まると，音楽やスポーツなどを無料で聴くことができるようになり，それまで売れていた蓄音機の需要に陰りが見え始めました。蓄音機メーカーは，この苦境から脱するために蓄音機にラジオを組み込むスペースを確保したのをきっかけとして，蓄音機自体の電化が進んでいきました。そして 1925 年ごろから，電気式録音および電気式再生ができる蓄音機が発売されました。いよいよ，機械式から電気式への蓄音機時代が到来します。

1926 年ごろに売られていたラジオ付き電気蓄音機の値段は 1 000 ドル程度で，当時この値段は自動車（T 型フォード）を 3 台買えるほどの金額だったそうです。いまでもオーディオ装置に何千万円も費やす熱狂的なマニアはいますが，オーディオ装置の創成

★このキーワードで検索してみよう！

| ハイエンドオーディオ音質 🔍 |

「高級オーディオの音質はどこが違うのか？」という質問も授業では多く出ます。「ハイエンドオーディオ音質」で検索すると，高級オーディオに関するさまざまな賛否両論のサイトがヒットします。

期からこのようなヘビーなマニアがいたことは実に興味深いといえます。電気信号を使うことにより，遠くまで音を送ったり，音の強弱を容易にコントロールしたりすることが可能となりました。また，電気式にすることによって，再生音の質的な向上を図ることもできました。

8.2.2 音を電気信号に変換するマイクロフォン

電気式のオーディオ装置を実現するためには，音波を電気信号に変換するデバイスが必要です。空気の圧力変化である音波を，電圧/電流の大小である電気信号に変換する装置が「**マイクロフォン**」です。マイクロフォンには，大きく分けて「**ダイナミック型マイクロフォン**」と「**コンデンサ型マイクロフォン**」という二つの方式があります。

(1)　**ダイナミック型マイクロフォン**：

　　磁界の中でコイルを動かすと，コイルに電流が発生します。これが電磁誘導であり，起電力の方向は磁界と垂直の方向でフレミングの法則として知られています。この電磁誘導を利用したのがダイナミック型マイクロフォンです（**図8.5**）。

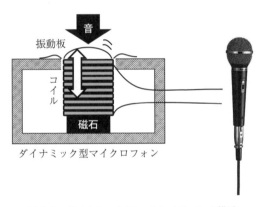

図8.5　ダイナミック型マイクロフォンの構造

　ダイナミック型マイクロフォンでは，振動板にコイル状の電線が取り付けてあり，そのコイルの中とコイルの外側を挟むように磁石が配置されています。外部から音波が伝搬してくると振動板を振動させます。この振動板はコイルに接続されているため，振動板が動くとコイルも連動して動きます。一方，コイルの周囲は磁石で囲まれていますので，コイルが上下に運動すると磁界の中をコイルが運動することになり，コイルに起電力が発生します。この電力を取り出せば，振動板の動きに応じた電気信号を得る

ことができるわけです。

(2) **コンデンサ型マイクロフォン：**

コンデンサ型マイクロフォンは，小型化しやすく広帯域でフラットな周波数特性をもち，安定性もきわめて高いことから広く使用されています。コンデンサ型マイクロフォンには，**バイアス型**と**バックエレクトレット型**の2種類があります。外部から直流電圧を加えるのがバイアス型，電圧を加える代わりに永久電気分極した高分子フィルムを使用するのがバックエレクトレット型です。一般的に，バイアス型のほうが高感度で性能が安定しています。コンデンサ型マイクロフォンは製造が簡単で小型化できるため，携帯電話やノートパソコン，タブレットなどで使われています。

図8.6は，バイアス型のコンデンサ型マイクロフォンです。このマイクロフォンでは，音波を受ける振動板が可動電極になっています。この電極の下には固定電極が設置されています。音波を受けて可動電極が振動すると，電極間の距離が変化して電荷量が変わり電極間の電圧 V_C が変化するので，これを信号として取り出し増幅することで音波を電気信号に変換することができます。

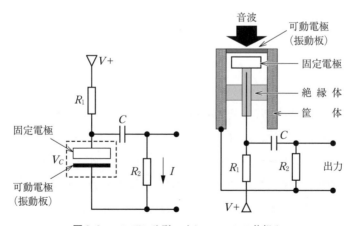

図8.6 コンデンサ型マイクロフォンの仕組み

8.2.3 電気信号を音に変換するスピーカー

電圧/電流の変化として記録されている音の信号を，再び空気の振動に変換して空中に放射する装置が**スピーカー**です。現在最も広く使われているスピーカーは，電磁誘導で発生した力を利用する**ダイナミック型スピーカー**です。**図8.7**は，ダイナミック型スピーカーの構造を示しています。

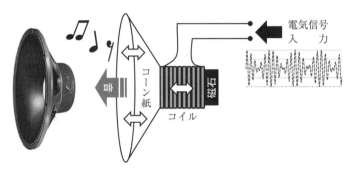

電気信号
入　力

コーン紙
コイル
磁石
音

図8.7 ダイナミック型スピーカーの構造

ダイナミック型スピーカーは，磁石とそれを取り巻くコイル，コイルと連動するコーン紙，それらを支える筐体から構成されています。ダイナミック型スピーカーの動作原理は，つぎのとおりです。

① アンプリファイヤから送られてきた電流がコイルに流れ込む。

② コイルに流れた電流によって磁界が発生する。

③ コイルが発生する磁力と磁石が発生する磁力が足し合わされ，コイルが振動する。

④ コイルが振動すると，それと連結されているコーン紙が振動する。

⑤ コーン紙の振動によって空気の疎密波が形成され前方に放出される。

オーディオ用スピーカーシステムは，1個のスピーカーユニットで低周波数領域から高周波数領域をカバーする**フルレンジスピーカー方式**の他に，低周波数領域専用のスピーカーユニットと高周波数領域専用のスピーカーユニットを組み合わせた**マルチウェイスピーカー方式**があります。マルチウェイ方式では，それぞれのスピーカーユニットが得意とする周波数帯を組み合わせること

で，広い周波数範囲の音を無理なく再生することが可能です。

　図8.8は，2ウェイスピーカー方式のシステム構成とその仕組みを示しています。スピーカーユニットは，低周波数領域専用の**ウーハ**（woofer）と高周波数領域専用の**ツイータ**（tweeter）を組み合わせて使用します。それぞれのスピーカーユニットには，受け持つ周波数帯域の信号のみが入力されるように，**フィルタ回路**を設置します。ウーハには，低周波の信号のみを入力するために高周波信号をカットする**ローパスフィルタ**（low pass filter）を設置します。一方，ツイータには高周波の信号のみを入力するために低周波信号をカットする**ハイパスフィルタ**（high pass filter）を設置します。このようなフィルタ回路を通して各スピーカーユニットに音響信号を入力することで，図に示すグラフのような広い周波数帯域で特性がフラットなスピーカーシステムを実現することができます。

★**このキーワードで検索してみよう！**

```
コンデンサ型スピーカー    🔍
```

本章では説明を割愛しましたが，コンデンサ型スピーカーという方式もあります。「コンデンサ型スピーカー」で検索すると，その音質を解説するサイトがヒットします。

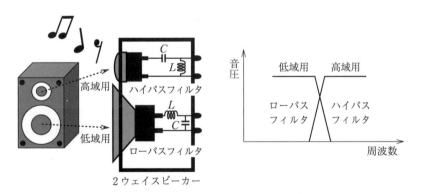

図8.8　2ウェイスピーカーシステムの仕組み

　フルレンジおよびマルチウェイの各方式には，それぞれメリット，デメリットがあります。フルレンジ方式は，スピーカーユニット内の回路がシンプルでよいのですが，単体のスピーカーで低周波数から高周波数までをフラットな音

圧特性で再生できるようなスピーカーユニットを製作することが難しいという課題があります。マルチウェイ方式では，複数のスピーカーユニットを組み合わせて広い周波数領域をカバーできるメリットがある一方，それぞれのユニットの周波数特性に合わせてフィルタ回路を設置する必要があります。この回路の性能およびスピーカーユニットの応答特性にばらつきが生じた場合，各スピーカーユニット間で入力信号に対する応答時間がばらついたり，コーン紙を振動させる際の位相管理が難しいといった課題があります。

8.2.4　電気信号を増幅するアンプリファイヤ

スマートフォンや CD プレーヤーの出力端子から取り出した電気信号を，直接スピーカーに入力してもスピーカーを鳴らすことはできません。スマートフォンや CD プレーヤーの出力電圧は1ボルト未満であり，スピーカーのコイルを動かすほど電力が大きくないためです。この微弱な電気信号を増幅して，スピーカーを鳴らすだけのパワーを与える装置が**アンプリファイヤ**（amprifier）です。アンプリファイヤは略して「**アンプ**」ともいわれています。アンプでは，**真空管やトランジスタ**などの**能動素子**を用いて，CD プレーヤーなどの出力端子から取り出した小電流の電気信号から，スピーカーを駆動できるような大電流の電気信号へと**増幅**を行います。能動素子を使って電流を増幅する場合，ひずみが発生してしまいます。

図8.9 は，電圧を増幅する回路をトランジスタで構成した例です。トランジ

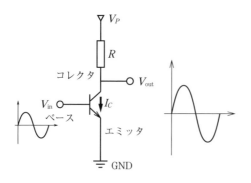

図 8.9　電圧を増幅する
トランジスタ回路

スタ素子のコレクタ（図上部）には電圧 V_p が印加されています。また，エ
ミッタ（図下部）は接地（GND）されています。この状態でベース端子（図
左部）に小さな電圧 V_{in} が加わるとトランジスタが連動して大きな電流を流
し，V_{in} が大きく増幅された電圧 V_{out} が出力されます。例えば，V_{in} 側に CD 機
器からの出力信号を入力すれば，V_{out} 側にはスピーカーを駆動できるだけの大
電流（電流は電圧に比例するため）を発生させることができます。

8.2.5　A 級アンプと B 級アンプ：増幅方式の違い

トランジスタ回路を用いて，小さな入力電圧を大きな出力電圧に増幅できる
ことを説明しました。また，トランジスタのような能動素子を用いるとき，波
形のひずみが発生することにも触れました。**図 8.10** は，トランジスタの動作
特性を示すグラフです。図の縦軸はコレクタに流れる電流 I_C，つまり，図 8.9
で示した出力 V_{out} 端子側に流れる電流です。横軸はベース–エミッタ間の電圧
V_{BE}，つまり図 8.9 で示した入力 V_{in} 端子側の微小な電圧です。

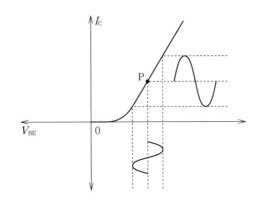

図 8.10　トランジスタの
動作特性

この図において，入力 V_{in} 端子には微小な正弦波電圧が加わっています。入
力された電圧は，グラフ上の点 P から V_{BE} 軸に降ろした垂線と軸が交わる点
を中心として正弦波を描いています。この入力電圧に比例して，コレクタ側に
相似形の正弦波電流が流れています。このグラフで注目すべき点は，トランジ
スタの動作点 P が特性グラフの直線部分であるということです。もし，動作

点が点Ｐよりもずっと原点に近いポイントだったとすると，トランジスタの動作特性が直線部分ではなく曲線部分となります。その場合，電圧 V_{BE} の入力によって発生するコレクタ電流 I_C は V_{BE} と相似な波形の電流とはなりません。これが能動素子による**増幅時のひずみ**です。

(1) **A級アンプリファイヤ**：

図8.10に示したように，トランジスタの増幅特性がひずんでいない直線的な部分を動作点として用いる方式のアンプで，略して**A級アンプ**と呼んでいます。**A級アンプ**は，トランジスタの動作点をリニア部分に限定しているので信号のひずみは小さいのですが，その反面，トランジスタの動作点を非線形の原点から線形部分に持ち上げるためのバイアスとなる電流を流しつづけなければなりません。このため，A級アンプは消費電力が大きいことが欠点となります。

(2) **B級プッシュプルアンプリファイヤ**：

A級アンプの欠点であったバイアス電流のための消費電力を解消する方式として，あえて原点を動作点として増幅を行う方式が開発されました。**図8.11**には，原点を動作点としたトランジスタ動作の特性を示しています。トランジスタには逆向きの電流は流れません。つまり，グラフでマイナス象限では電流が流れませんので，出力される増幅電流は半波のみです。

そこで，同じ特性を有するトランジスタを用いて逆相の半波を増幅し，プラスの半波部分とマイナスの半波部分を足し合わせるよう工夫した回路

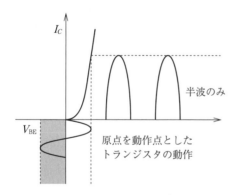

図8.11 原点を動作点とした
トランジスタの動作

をもったアンプです。この**B級プッシュプル回路**は，トランジスタが2セット必要となりますが，原点を動作点とするため，バイアス電流を流しつづける必要がなく，電力消費量が小さいというメリットがあります。

A級アンプではひずみが小さいリニア特性を確保するために無信号のときも電流を流します。一方，B級プッシュプルアンプでは動作点が原点であるため，無信号のときには原理的に電力を消費しません。つまり，A級アンプは，音質は優れているものの大きな消費電力が必要です。一方，B級プッシュプルアンプは，消費電力は小さいものの原点付近で動作するため，ひずみが多くA級ほど音質が高くないという特徴があります。他にもC級やD級などの方式がありますが，ひずみが大きく，オーディオ用として多く用いられる方式はA級かB級のどちらかです。

8.3 音を録音・編集する機材

8.3.1 音の電気信号を磁気の強弱パターンとして記録するテープレコーダ

フォノグラフやグラモフォンといった機械式の音響機器が使われていた時代は，音を録音する場合には音を直接音響機器に入力して記録媒体に溝をつくるというダイレクトカッティングでした。このレコード録音では，原盤に溝を切るカッティングマシンが必要であるため，一般の人は録音ずみのレコードを買って再生するだけでした。

やがて1928年ごろ，ドイツ人技術者フリッツ・フロイメル（Fritz Pfleumer）は，磁気の記録が可能な材料を耐久性のあるプラスチックテープに塗布し記録用メディアとして用いる**テープレコーダ**の原型を完成しました。また1933年にはドイツ人技術者エドゥアルト・シラー（Eduard Schüller）によって磁気ヘッドが開発されました。そして1935年，ドイツの電機メーカーであるAEG社から「**マグネトフォン（Magnetophon）**」という名称でテープレコーダが発売されました（**図8.12**）。マグネトフォンは画期的な製品でしたが，その当時の音質は相当に悪かったようです。

1939 年製造の K4 型マグネトフォン
作者：Friedrich Engel

図 8.12 マグネトフォン

8.3.2 磁気記録の仕組み

マグネトフォンで使われていた記録媒体は，粉末状の**磁性体を薄く塗った**テープです。**磁性体**とは，磁界を加えると磁石となる性質をもつ材料のことで，鉄も磁性体です。

磁気録音では，マイクロフォンなどで得られた音響信号を増幅してコイルに流します。その結果，コイルに磁界が発生しその磁束がフェライトの筐体を通ってギャップ部分に到達し，ギャップ部分に音響信号に応じて変化する磁界が発生します。一方，磁気ヘッドのギャップ上部に接するように**磁気テープ**が一定速度で移動してきます。このことによって，ギャップで発生する磁気の変化が磁気テープ内の磁性の強弱パターンとして記録されます（**図 8.13**）。

逆に，音を再生するときには，磁性の強弱パターンが記録されている磁気テープを磁気ヘッドのギャップ上で移動させることで，テープに記録された磁気の強弱パターンに応じた磁界の変化がギャップを通してコイルに届き，ここで起電力を発生します。この磁気パターンに対応する起電力を増幅して電気信号として取り出すことにより，テープに記録されている音信号を再生することができます。この電気信号をさらに増幅してスピーカーに入力すれば，大きな音で磁気テープの録音内容が再生されます。

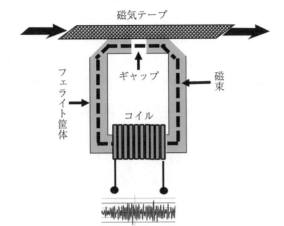

図 8.13 磁気記録・録音で
用いる磁気ヘッドの構造

8.3.3 テープレコーダ：オープンリール型とコンパクトカセット型

(1) オープンリール型テープレコーダ：

　磁気テープを巻いたリール（巻き枠）がむき出しの形で装着されるテープレコーダです。**図 8.14** はオープンリール型テープレコーダです。図の右側にあるのが，磁気テープが巻かれたリールです。

　オープンリール型テープレコーダでは，テープの走行スピードを 4.75 cm/s, 9.5 cm/s, 19 cm/s, 38 cm/s, 76 cm/s と選択できるようになって

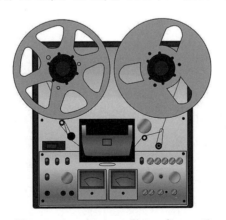

図 8.14 オープンリール型テープレコーダ

います。テープの走行スピードを速くすれば，その分だけ単位時間当りに磁気ヘッドを通過する磁気面の面積が広くなり，より多くの情報を磁気テープに詰め込むことができます。つまり，磁気テープの走行スピードを速めれば，それだけよい音で録音・再生ができるようになります。また，磁気テープを小さなプラスチックケースに詰め込んだ後述のコンパクトカセット型テープレコーダと比較すると，オープンリール型の磁気テープは幅が広くまた走行スピードも速いので，圧倒的に音質のよい録音・再生が可能です。オープンリール型テープレコーダは，その音質のよさから音楽製作現場でも広く利用され，またオーディオファンの間でも徐々に普及していきました。一方，オープンリール型は磁気テープがむき出しの状態であり，磁気テープを複数のローラの間を正確に通し，磁気ヘッドとピッタリと接するように手作業でセットするのは，かなりたいへんな作業でした。また，磁気テープが変形していたりすると，その部分がローラに絡まってジャミングが起こるなど，慣れない人にとってはなかなか扱いにくい機器でした。

(2) **コンパクトカセット型テープレコーダ**：

オープンリールの扱いにくさを克服するため，カートリッジ型のテープレコーダがいくつか開発されました。時期的に早かったのはアメリカのRCAビクター社が1958年に発売した「RCAカートリッジ」でした。磁気テープの幅はオープンリール型のテープと同じで，カートリッジの表面と裏面の2面にステレオで音の記録ができる4トラック/2チャネルでした。テープ速度は9.5 cm/sで固定されており，片道32分の録音・再生が可能でした。後に世に出るコンパクトカセットに比べると，RCAカートリッジはかなり大型でしたが，オープンリールで求められる繊細な作業は必要ありませんでした。しかし，このカートリッジを量産するための技術が当時は成熟しておらず，技術的には大量生産できるような仕様ではありませんでした。

そして1962年に，オランダの電機メーカーであるフィリップス社から

コンパクトカセット型テープレコーダが試験発売されます（**図8.15**）。フィリップス社のコンパクトカセット型テープレコーダでは，使いやすさを重視してRCAカートリッジよりもはるかに小さな筐体に磁気テープを収めました。磁気テープの仕様ではオープンリールを踏襲せず，磁気テープの幅も走行速度も独自の仕様でした。

図8.15　コンパクトカセット型テープレコーダとテープ

　フィリップス社の機器開発戦略でなんといっても際立っていたのが，コンパクトカセットの特許を全世界のメーカーに無償提供したことです。これは「コンパクトカセットの普及」にすべてを賭けた重大な決断でした。この戦略が功を奏し，コンパクトカセットは世界中で普及しました。コンパクトカセットは，磁気テープの走行速度が4.76 cm/sで非常に遅く，また磁気テープ上に情報を記録するトラック幅は1チャネル当り0.66 mmで，テープ速度の安定性やテープと磁気ヘッドとの密着性などメカニックとして高度な技術が求められるのに加え，磁気テープ自体の高性能化が必要とされました。さまざまな技術的ハードルの中でも日本の貢献が大きかったのは，磁気テープ素材として**フェライト**を開発したことです。フェライトは酸化鉄を主成分とするセラミックスですが，強磁性を示すものが多く，磁性材料として広く用いられています。フェライトは，東京工業大学の加藤与五郎と武井武によって1930年に発明されました。これらさまざまな技術開発を通じて，1962年にフェライトを塗布した磁気テープをプラスチックケースにリールごと収納した「コンパクトカセット」が完成

しました。オープンリールと比べて非常に扱いやすく，また小さいながらも録音再生の性能がよいため，一般家庭に急速に普及していきました。

8.3.4　音を編集するミキサ

ミキサとは，マイクロフォンで収集した音の電気信号を集約/加工/分配する装置です。例えば，NHK ホールでの演奏会を録音する場合，ホールの全体的な響きをとるために天井からつるしたメインマイクを使いますが，その他にもステージ上に配置される各楽器の近くに複数のスポットマイクを配置します。スポットマイクの配置では，例えば，弦楽器用に 2 本，コントラバス用に 2 本，木管楽器用に 3 本，ホルンに 2 本，ハープに 1 本，パーカッションに 1 本，ティンパニーに 1 本，合計で 12 本といった数のマイクを設置します。スタジオ録音ではさらに多く，例えば 60 本といった多くのマイクを用います。このように多数のマイクからとった音を集め，例えばエコーをかけたり遅延処理を行うといった音の加工や信号の分配を行うのがミキサの役割です。ミキサには，つぎのような主要な役割があります。

(1) マイクからの信号を適切な音量レベルに調整する。

(2) マイクからとった音の音質を調整する。

(3) エコー（残響音）を加えるなど音の加工処理を行う。

(4) アーティストにモニタ用の信号を送る。

★このキーワードで検索してみよう！

> バイノーラル 🔍

本書では触れませんでしたが，人間の頭部模型の中にマイクを入れて録音を行うことで，頭部での音波の回折も含めてリアルな再現を行うことができる「バイノーラル録音」という方式があります。「バイノーラル」で検索すると，この方式に関する情報サイトがヒットします。

スタジオでの収録では，複数のマイクで収集した音信号をそれぞれ別のトラックに録音し，それらを編集することで音楽作品としてまとめ上げます。このようにマルチトラックで録音された信号を，最終的にオーディオ再生用としてミックスする作業を**ミックスダウン**（または**トラックダウン**）といいます。このように音楽制作の現場では，複数の録音データはミキサを用いてまとめら

れますが，録音したままの音では再生音として適切でない場合が多いためさま
ざまな処理が施されます。特に重要なのが，音信号のダイナミックレンジ（音
量レベルの幅）の調整です。このようなミキシング作業を通じて，各楽器の音
のバランスが整えられ，音楽作品として商品化されていきます。

8.3.5　リミッタとコンプレッサ

　音楽制作の現場では，ときに予想もしなかった突発的な出来事が起こりま
す。避けなければならないのが，突発的な大音量が発生してしまうことです。
例えば，アーティストがマイクを床に落とす，ギターのピックアップケーブル
が引っ張られて抜ける，ボーカルが台本になかった絶叫を始める，など。この
ような場合，音響機器には大電流が流れる可能性が高く，高価な機器が破損す
るという最悪の事態を避ける必要があります。このような不測の事態でも，音
響機器の信号レベルが上限値を超えないように制限をかける装置が**リミッタ**で
す。リミッタでは，入力信号のレベルがあらかじめ設定されたしきい値を超え
た場合，その入力信号がしきい値レベル以上にならないように自動的にレベル
調節を行います。

　コンプレッサは，文字どおり信号レベルを圧縮する装置です。すなわち，大
きなレベルの信号を小さくし，小さなレベルの信号を大きくします。コンプ
レッサを用いて，演奏時に発生する音量の差を緩和します。コンプレッサで
は，あらかじめ設定したしきい値を超えた場合，段階的に増幅率を下げて全体
的に信号レベルを保ちます。したがって，演奏時に多少の音量のゆれが発生し
ても，コンプレッサを通すことで自然なサウンドに仕上げることができます。
声量が安定しない下手な歌手でも，コンプレッサを通すことで安定した歌唱
（上手くなったように）に聴こえるという裏話もあるくらいです。もう一つ，
コンプレッサは音響効果を狙って積極的に使用される場合もあるようです。例
えば，ドラムスの音づくりの一環としてコンプレッサのパラメータをうまく調
節することにより，「切れ味のよい固い音」，「引き締まった音」，「ひずみっぽ
い音」など，コンプレッサを一つのエフェクタとして使う方法で，実際の音楽

製作の現場で音づくりの「技」として使われています。

8.3.6 イコライザ

イコライザとは，音響信号の周波数特性を調整するための装置です。音楽ス
タジオでは，一定の周波数範囲ごとに出力レベルを調整できるグラフィックイ
コライザが使われています。例えば，高域用フィルタ，低域用フィルタなど，
複数のバンドパスフィルタを横一列に並べた装置です。コンサートなどでは，
全周波数帯域を 31 分割するグラフィックイコライザが使われることが多いよ
うです。この場合，ステレオの右（R）用と左（L）用にそれぞれ 31 個，2 段
にスイッチが並べられています。グラフィックイコライザでは，各フィルタの
ボリューム調整が縦のスライドスイッチで行えるように設計されており，それ
らが横一列に配置されているため，周波数特性の全体的な傾向が一目で見えて
わかりやすいという特徴があります。

9

コンピュータで音を扱うディジタルオーディオとは？

9.1 音をディジタル化する方法

現代社会ではあらゆる機器やサービスにコンピュータが導入され，コンピュータと関わらない産業分野はいまや存在しないといっても過言ではありません。**ディジタルオーディオ**（digital audio）は，マイクロフォンなどから入力される連続的な**アナログ信号**を離散的な**ディジタル信号**に変換することで，コンピュータで取り扱えるようにした音です。

9.1.1 アナログ信号からディジタル信号への変換

例えば，ピアノやギターの音など，われわれが日常生活の中で接する音は連続的な信号であり，例えば，0や1のように離散的に記号化されたものではありません。目に入ってくる風景や，鳥の声など，われわれが体で感じる情報はすべて連続的な信号から構成されています。このように，連続する信号を**アナログ**（analog）**信号**と呼びます。実は，コンピュータでは，アナログ信号を扱うことはできません。コンピュータの内部でやり取りされる情報は，物理的な「ON」か「OFF」かという電気信号と，論理的な「1」か「0」かという二つの値が対応するように信号を情報に変換したものです。コンピュータ内で扱っているような離散的な信号を**ディジタル**（digital）**信号**と呼びます。本章では，コンピュータなどのハードウェアでやり取りされる**物理的な量を**「信号」と呼び，「1」や「0」といった符号のような**論理的な量を**「情報」と呼ぶことにし

ます。このように考えると，情報は信号によって運ばれるものと位置づけられます。

　われわれは，鳥の声や楽器の音を録音してコンピュータに取り込んだりしています。これはアナログ信号をディジタル信号に変換してから，ディジタル化された「0」，「1」といった情報をコンピュータに取り込んでいることを意味します。このときに必要な処理が，アナログからディジタルへの **A–D 変換**（analog-digital conversion）です。**アナログオーディオ**では，原音と相似な電気信号を発生させ，その電気信号をアナログのまま記録・伝送します。これに対し，ディジタルオーディオでは，もともと連続的なアナログ信号を不連続なディジタル信号に変換します。アナログ信号をディジタル化する場合，まずはアナログ値を整数化します。

　例えば，観測時点 t_1，t_2，t_3 におけるアナログの電圧値がそれぞれ 3.1 V，3.9 V，8.4 V だったとすると，それらの電圧値を四捨五入してそれぞれ 3 V，4 V，8 V のような離散的な整数に変換します。この整数化で用いている数値は 10 進数ですが，この **10 進数**を **2 進数**の値に変換すれば「0」と「1」の値だけで数値表現されたディジタル信号に変換することができます。「0」と「1」からなる値に変換されたディジタル信号は，メモリに記録されたりネットワークを介して伝送されたりします。このディジタル信号をアナログの音に戻すには，2 進数の符号を元の 10 進数の値に変換し，その値と等しい電圧値を発生させることで近似的に電気信号を復元することができます。

　図 9.1 に示すように，ディジタル信号の特徴として，信号の記録・伝送の際に混入するノイズに強いというメリットがあります。「0」と「1」から成るディジタル信号では，例えば「1」に 5 ボルトの高電位，「0」に 0 ボルトの低電位を対応させたとすると，すべての信号は 0 ボルトか 5 ボルトのどちらかの電圧値をとります。ここに，例えば 0.1 ボルトのノイズが入った場合でも，1 ボルトのノイズが入った場合でも 5 ボルトという電圧から見れば 4.9 ボルトまたは 4 ボルトの電圧は「1」であると判断できます。低電位の 0 ボルトに対しても，多少のノイズが混入しても「0」であると判断できます。このように，

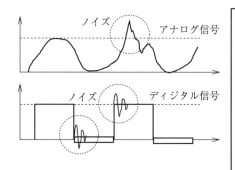

★このキーワードで検索してみよう！

CD 傷修復

「CD 傷修復」は，授業の中で多く出る質問です。アナログレコードでは傷によるノイズの修復は不可能ですが，CD はディジタルなので 2 進数の符号が読み取れれば音は完全な形で再生されます。「CD 傷修復」で，CD を傷つけてしまったときのさまざまな修復技を紹介するサイトがヒットします。

図9.1　ノイズに強いディジタル信号

ディジタル信号はかなり大きなレベルのノイズが混入しても「0」か「1」かという信号の識別に影響を受けません。

　一方，アナログ信号に 0.1 ボルトのノイズが入った場合，信号は元の波形にノイズを上乗せした波形となります。この波形を増幅すればノイズも一緒に増幅されるため，ノイズが消えることはありません。信号の蓄積や伝送では必ずノイズが混入しますので，アナログ信号の場合には，信号の処理をすればするほどノイズの量が増えていきます。

　このように，信号をディジタル符号に変換してしまえば，その後はノイズの影響を受けることなく完全に蓄積（複製）・伝送することが可能になります。さらに，**ディジタル符号**には数学的な処理を適用することができるため，数理的な性質を用いて**情報量を圧縮**することができます。アナログ信号の場合には，ディジタルのような符号理論を適用することができないため，信号の量を大きく圧縮することはきわめて困難です。したがってアナログ信号は，ディジタルのように情報量を圧縮したり，1 回線に複数の伝達チャネルを多重化したりするのは難しいのです。

9.1.2　ディジタル情報は 0 と 1 からなる 2 進数

　ディジタル情報は，0 と 1 の符号列として 2 進数で表現されます。われわれ

が日常生活で使っているのは 10 進数です。10 進数とは，0，1，2，3，4，5，6，7，8，9 とカウントアップしていき，9 のつぎは桁上がりして 10 となる数体系です。つまり，10 進数とは数の部品（基数と呼ぶ）が 10 個の数体系で，その 10 個の基数は 0〜9 です。したがって，10 進法による計算では，10 個の基数 0〜9 を使い果たすと桁が上がって 10 となります。この 10 進法では，例えば 4 桁の 10 進数「2 020」を位取り記数法で表現すると，つぎのように記述できます。

$$2\,020 = 2 \times 10^3 + 0 \times 10^2 + 2 \times 10^1 + 0 \times 10^0 \tag{9.1}$$

あるいは，フォノグラフが発明された年である 1 877 は，$1\,877 = 1 \times 10^3 + 8 \times 10^2 + 7 \times 10^1 + 7 \times 10^0$ です。

　一方，2 進数とは基数が「0」と「1」の 2 個である数体系です。したがって，2 進数では 0 のつぎは 1 で，そのつぎは桁が上がって 10（イチゼロと読む）です。いろいろな数体系が混在すると，各数値が何進数の数かわからなくなるので，例えば 2 進数であれば $(10)_2$ のように添字を記述することがあります。10 進法の場合と同様に，例えば 4 桁の 2 進数「1001」を 2 進法の位取り記数法で表現すると，つぎのように記述できます。

$$(1001)_2 = 1 \times 2^3 + 0 \times 2^2 + 0 \times 2^1 + 1 \times 2^0 \tag{9.2}$$

コンピュータの世界では 2 進数の 1 桁が 1（ビット）です。したがって，式 (9.2) の左辺は，2 進数 4 ビットで表された数値ということになります。式 (9.2) を 10 進数で表すと，右辺の値をそのまま足せばよいので

$$8(= 2^3) + 0 + 0 + 1(= 2^0) = 9 \tag{9.3}$$

です。

　つまり 4 ビットの 2 進数 $(1001)_2$ を 10 進数に変換すると $(9)_{10}$ ということになります。4 ビットの 2 進数で表現できる数値の範囲は，$(0000)_2$〜$(1111)_2$ です。$(1111)_2$ は 10 進数では $8 + 4 + 2 + 1 = 15$ ですので，4 ビットの 2 進数で表現できる数値の範囲は 10 進数では 0〜15 の 16 種類です。ディジタル符号は数値演算が容易であり，割り当てるビット数によって量子化の精度を保障できるため，信号の再現性に優れています。

9.2　ディジタル化の基本概念

　連続量であるアナログ信号を離散（不連続）量であるディジタル信号に変換するためには，「**標本化**（sampling）」，「**量子化**（quantization）」，「**符号化**（coding）」**という3段階の処理**を実施する必要があります。**図9.2**は，アナログ信号をディジタル化するプロセスのうち，標本化と量子化の概略を示しています。音は，時間の経過とともに振幅（音圧値）が変化する信号です。したがって音をディジタル化する場合，まずはどの時点の振幅を離散的な値に変換するのか，標本をとる時刻を決める必要があります。これが「標本化」です。標本化では，ある一定の時間間隔でとびとびに標本観測時刻を決め，おのおのの時刻での値（振幅）を観測（サンプリング）します。1秒間に行うサンプリングの回数を「**サンプリング周波数**」といいます。サンプリング周波数を決める場合，対象とする音に含まれる成分の最高周波数の2倍以上のサンプリング周波数が必要です。

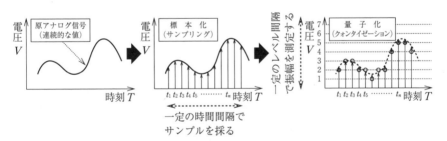

図9.2　ディジタル化のための標本化と量子化

　標本化でサンプリング周波数が決まった後，各サンプリング時点における振幅値を何段階の整数で表すのか，離散的な測定の幅（量子化）を決定します。標本化および量子化によって，元のアナログ信号は離散的な数値で表現されました。この数値を2進数の数値列に変換することで，アナログ信号からディジタル信号への変換が完了します。

9.2.1 音の周波数特性を決めるサンプリング（標本化）

標本化とは，もともと連続量であるアナログ信号を一定の間隔で観測することで，連続値を離散値に変換する処理です。**図9.3**に示すように，原波形はアナログ信号で時間の経過とともに電圧信号の振幅 V が変化しています。この信号をディジタル化するためには，まず，時間軸上でどの程度細かくサンプルをとるのか，一定間隔で標本を取得する時刻を決めます。これは図では，横軸のきめの細かさを決めることを意味します。

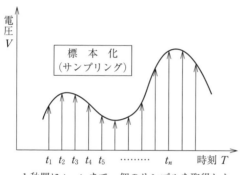

1秒間に t_1〜t_n まで n 個のサンプルを取得した場合，サンプリング周波数 f_n は n〔Hz〕

図9.3 標本化における
サンプリング周波数

このようにディジタル化のプロセスでは，標本化された時点のデータしか残りませんのできめの粗い標本化（標本地点の時間間隔を長くとる）を行うと，きめの粗いディジタルデータができ上がります。したがって，原信号を忠実にディジタル化したい場合には，なるべくきめ細かく標本化（標本地点の時間間隔を短くとる）を行う必要があります。その一方，サンプリング周波数を上げてきめの細かい標本化を行えば，単位時間当りに取得するデータ量が増加するため，その分だけ音響データの量が増えてしまいます。

例えば，われわれが音として感じ取ることのできる周波数の範囲（可聴域）は 20〜20 000 Hz です。したがって，アナログの音信号をディジタル化するためには，少なくとも 20〜20 000 Hz の音を再現するのに十分な細かさで標本化を行う必要があります。標本化では，**サンプリング定理**という重要な法則があ

ります。サンプリング定理とは，アナログ信号を標本化する場合，アナログ信号に含まれる周波数成分の最大周波数の２倍以上の周波数で標本化する必要がある，というものです。この標本化で必要な周波数を**ナイキスト周波数**といいます。

　サンプリング定理を満たさない場合，ディジタル化された信号を元のアナログ信号に完全な形で復元することができなくなります。したがって，音響信号の標本化では可聴周波数の上限である 20 000 Hz の２倍以上，つまり 40 000 Hz 以上の細かさで標本化する必要があります。実際に，音楽用 CD では 44 100 Hz，つまり毎秒 44 100 回の標本化処理を行っています。

9.2.2　音のダイナミックレンジを決める量子化

　量子化とは，標本化で決められた各観測時点における信号の強度（振幅）を観測し，それを離散的な整数値で近似する処理です。標本化プロセスでは原信号をどの程度きめ細かくサンプリングするかを決めますが，その後，各サンプリング時点における信号の強さをどのくらいの細かさで段階分けするかを決めるのが，量子化です。

　図 9.4 は信号の量子化を示したもので，各標本時点で横軸から上に伸びる矢印は原アナログ信号の電圧値，丸印は各電圧値を量子化して整数に置き換えた値です。量子化では，電圧 V は縦軸で示した整数の値しかとりませんので，

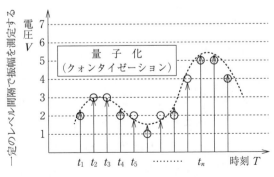

図 9.4　信号の量子化例

時刻	原信号	量子化
t_1	2.2	2
t_2	2.8	3
t_3	2.9	3
t_4	2.3	2
⋮	⋮	⋮
t_n	5.3	5
⋮	⋮	⋮

アナログ値を四捨五入して整数値で近似します。図の右側の表は，原アナログ波形の電圧値と各電圧値を整数で近似して量子化された電圧値です。量子化では，図の縦軸でのきめの細かさを決めます。

　図 9.4 に示すように，縦軸の間隔を広くして粗く分けてしまうと，原信号の強さがちょうど当てはまるレベルが存在しない場合が多く発生します。この場合には，原信号を四捨五入して離散値で近似します。図の右側の表に示すように，t_1, t_2, t_3, t_4, ..., t_n の各時点における原アナログ信号の電圧値は，2.2，2.8，2.9，2.3，5.3 ボルトなのに対し，量子化後の値は 2，3，3，2，5 ボルトと整数値に変換されています。このように，量子化で行われるのは原信号の近似であるため，もともとなめらかだった原信号が，量子化の後には，近似の際に発生する凹凸の誤差を含んだ信号となっています。この誤差を**量子化誤差**（quantization error）と呼びます。量子化のプロセスでは，すべての標本化時点において信号の強さを段階分けしていきますが，この段階のきめが細かければ細かいほど，原信号の強さに近いレベルで近似することができます。

　量子化できめの細かい段階分けを行えば，原信号を忠実にディジタル化することができるものの，段階数が多ければ多いほど符号量が増えていきます。例えば，量子化の段階を極端に 0 か 1 の 2 段階とすれば，量子化で必要な符号量は 1 ビットですが，これでは音が「出ている」，「出ていない」程度の区別しかできないひどい音になるでしょう。少し符号量を増やして，量子化に 4 ビットを割り当てれば $2^4 = 16$ 段階の区別ができます。しかし音響信号の場合，16 段階では信号強度の分解能としては十分でなく，雑音が入り混じったような音として再生されてしまいます。このように，量子化の分解能が十分でないために発生する品質の劣化を，**量子化ノイズ**といいます。量子化で 8 ビットを割り当てれば $2^8 = 256$ 段階，16 ビットを割り当てれば $2^{16} = 65\,536$ 段階の分解能が得られます。音楽用 CD では 16

★**このキーワードで検索してみよう！**

AAC 音質比較　　　　　🔍

「AAC 音質比較」または「MP3 音質比較」で検索すると，携帯型音楽プレーヤーで多く用いられる AAC や MP3，WMA などの符号化方式について，音質の違いや使い方に関するサイトがヒットします。

ビットで量子化を行っていますので，信号の強さについては 65 536 段階とい
う十分な分解能をもっています。

このように，サンプリング周波数と量子化ビット数によって，元の信号をい
かに細かくディジタル化できるかが決まります。信号を PCM 符号でディジタ
ル化した場合，1 チャネル当りの情報量はつぎのように計算できます。

情報量 $I = ($ サンプリング周波数 $) \times ($ 量子化ビット数 $)$ (9.4)

PCM 符号化には，ディジタル化の精度を上げようとすると情報量が掛け算
で大きくなるというデメリットがあります。できるかぎり高品質な音で，かつ
情報量の少ないディジタル符号化が理想であり，その理想に向けてさまざまな
符号化方式が開発されています。

9.2.3 ディジタル符号化

標本化および量子化を行った後，各標本時点で取得したデータを符号に変換
していきます。**符号化**とは，各標本地点で取得した信号データを，あらかじめ
決められた規則に従ってディジタルデータに変換する処理です。**図 9.5** に示す
ように，各標本時点 $t_1, t_2, t_3, \ldots$ で取得した信号は最終的に 2 進数に変換され，
コンピュータで取扱い可能なディジタルコードになります。

図に示したディジタル化は，各地点における電圧値の絶対値をそのまま量子
化する PCM 符号化で，この方式を**リニア PCM 符号化**（linear PCM，**LPCM**）
と呼んでいます。リニア PCM で CD 品質のディジタル化を行う場合，1 チャネ
ル当り，毎秒 44 100 Hz × 16 bit = 705 600 bit のディジタルコードが生成されま
す。ステレオで 2 チャネルとすれば，符号量はこの 2 倍（1 411 200 bit）となり，
この音信号をそのままディジタル回線で送信しようとすれば，約 1.35 Mbit/s を
必要とする大きな情報量となります。

量子化のために割り当てるビット数を，リニアではなく，例えば対数などを
用いて非線形で割り当てる方法があります。**図 9.6** は，対数を用いて非線形の
量子化を行う**圧伸量子化**の例です。図に示すように，圧伸量子化では量子化の
ステップ間隔を振幅の大きさに応じて不均等とします。圧伸量子化を行うこと

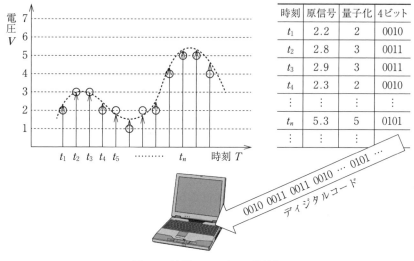

図9.5　情報のディジタル符号化

時刻	原信号	量子化	4ビット
t_1	2.2	2	0010
t_2	2.8	3	0011
t_3	2.9	3	0011
t_4	2.3	2	0010
⋮	⋮	⋮	⋮
t_n	5.3	5	0101
⋮	⋮	⋮	⋮

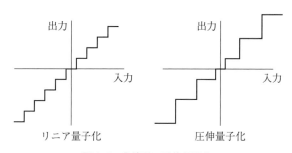

図9.6　非線形の圧伸量子化

で，振幅の小さな部分については精度の高い量子化を行い，大音量で振幅が大きな部分は比較的に粗い量子化を行います。このような量子化により，大振幅の信号が入力されると量子化雑音が増加しますが，音量が小さい小振幅の成分に対しては品質が向上します。このような圧伸量子化は，電話など音量の変化が小さい音声伝送に使われる量子化方式で，総ビット数が同じであれば，均等に量子化ステップを割り当てるよりも高い品質が得られます。

　ディジタルコードの情報量を少しでも削減するため，入力信号レベルに合わせて動的に量子化の符号量を決める **DPCM**（differential PCM）や **ADPCM**

（adaptive defferential PCM）などの方法が開発されています（**図9.7**）。DPCM
は，現在の標本時点における信号レベルを絶対値で符号化するのではなく，前
時点の信号レベルとの差分を符号化する方法です。DPCM は，リニア PCM の
ように信号の絶対値ではなく差分であるため，値が大きくありません。した
がって，それほど大きなダイナミックレンジを必要とせず，量子化するために
割り当てるビット数を少なくすることが可能です。また ADPCM は，DPCM に
おける現標本時点での量子化ビット数を直前の量子化ビット数の変動幅に合わ
せて適応的に割り当てていく方式です。ADPCM 符号化は，PCM 方式とほぼ同
じ品質を保ちながらデータ量を削減できるため，広く用いられています。

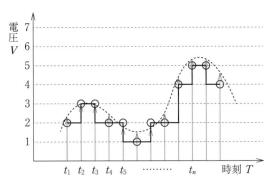

図9.7　差分パルス符号化方式（DPCM）

9.2.4　折返し雑音（エリアシングノイズ）

折返し雑音（エリアシングノイズ）とは，信号のサンプリングを行う際，入
力信号に含まれる周波数成分がサンプリング周波数の2分の1の値（ナイキス
ト周波数）よりも高い場合に発生する雑音（ノイズ）のことです。

図9.8は，100 Hz の正弦波をその5倍の 500 Hz（×印）でサンプリングし
た場合と，1.4 倍の 140 Hz（●印）でサンプリングした場合の例です。100 Hz
の原信号を 500 Hz でサンプリングした場合，100 Hz の正弦波の1周期が5ポ
イント（×印）でサンプリングされています。したがって，この×印をつない
で再生すれば，元の 100 Hz の正弦波をほぼ正確に再現することが可能です。

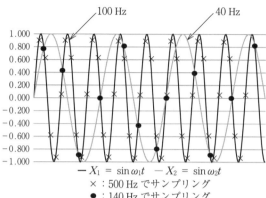

図 9.8　折り返し雑音（エリアシングノイズ）

　ところが，サンプリング定理を満たしていない 140 Hz（原信号の 1.4 倍）で
サンプリングを行った場合，100 Hz の正弦波の 1 周期で 1 ポイント（●印）
しかサンプリングすることができません。この●印をつないで再生するともは
や原信号は再現できず，原信号には存在しなかった 40 Hz のサイン波が出現し
ています。このようにナイキスト周波数を満たさないサンプリングを行うこと
で現れた，原信号には存在しない信号を折返し雑音（エリアシングノイズ）と
呼んでいます。

　音響信号にはさまざまな周波数成分が含まれていますが，サンプリング周波
数は，音響信号に含まれる最高周波数成分の 2 倍以上にしなければエリアシン
グ成分が出現するようになり，元の音響信号に正しく復元することができませ
ん。エリアシングを防止するためには，サンプリング周波数の半分以下の信号
成分だけを通過させ，それ以上の成分をカットするローパスフィルタを用いる
必要があります。このフィルタを，**アンチエリアシング（折返し防止）フィル
タ**といいます。

　音楽を記録するディジタル信号では，人間の可聴帯域の上限とされる 20 000 Hz
までの成分を記録する必要がありますが，多少の余裕を見て CD 品質であれば

44 100 Hz, あるいは DVD ビデオ品質であれば 48 000 Hz がサンプリング周波数として用いられています。電話音声の周波数帯域では, 音声の主要な成分は 3 400 Hz が上限であるため, サンプリング周波数は 8 000 Hz としています。その他, Blu-ray Disc は, 48 000 Hz, 96 000 Hz, 192 000 Hz。DAT の場合には, 32 000 Hz, 44 100 Hz, 48 000 Hz でサンプリングしています。1.411 2 MHz までの音が記録できる次世代 CD 規格である Super Audio CD (SACD) のサンプリング周波数は, 2.822 4 MHz です。

9.2.5 ディジタルコードの情報伝送量

符号化されたディジタルコードの容量は, サンプリング周波数と量子化ビット数によって決まることについて述べました。単位時間 (1 秒間) 当りのディジタルコードを送受信するのに必要なビット数を, **情報伝送量**あるいは**ビットレート**といい bit/s (ビット/秒) で表します。すなわち, 情報伝送量は, サンプリング周波数, 量子化ビット数, チャネル数の積で表すことができます。例えば, サンプリング周波数 8 000 Hz, 量子化ビット数 8 bit の 1 ch の電話音声をディジタル化する場合の伝送情報量 I は

$$I = 8\,000\,\text{Hz} \times 8\,\text{bit} \times 1\,\text{ch} = 64 \times 10^3\,\text{bit/s} = 64\,\text{kbit/s} \qquad (9.5)$$

Blu-ray Disc の音質であれば, サンプリング周波数は 48 000 Hz, 量子化ビット数は 16 bit, ステレオで 2 ch のオーディオ信号は

$$48\,000\,\text{Hz} \times 16\,\text{bit} \times 2\,\text{ch} = 1.536 \times 10^6\,\text{bit/s} \fallingdotseq 1.5\,\text{Mbit/s} \qquad (9.6)$$

このように, ディジタル情報をどのような品質で符号化するかによって, コードの情報量は大きく異なることがわかります。ディジタルコード量の大きな音響ファイルは, 回線を通じて伝送する場合でも, あるいはコンピュータのメモリに蓄積する場合でも, メディアを圧迫する要因となるため扱いにくいコンテンツとなります。そのため, 音質を確保しながらも符号化後のコード量が小さいさまざまな符号化方式が開発されています。

9.3 オーディオ信号を符号化するさまざまな方式

9.3.1 リニア PCM 符号化方式と情報圧縮

アナログ信号をディジタル信号に変換する場合，元のアナログ信号をなるべく誤差なく忠実にディジタル化しようとすれば分解能の高い標本化と量子化が必要となり，ディジタルデータのファイル容量が著しく増大することがわかりました。一方，ディジタル情報は**符号化処理**（encoding）を施すことによって，その容量を圧縮することが可能です。われわれが日常の生活で耳にするディジタル音源としての楽曲ファイルでは，音楽用 CD に入っている楽曲ファイルは無圧縮の WAV 形式ですが，インターネットにつながった携帯端末で聞く楽曲ファイルはディジタル情報の性質を使って圧縮符号化処理が施されており，前述の WAV 形式などのリニア PCM 符号と比較すると，ファイル容量が小さくなっています。

ディジタル化された信号をネットワーク経由で伝送したり記憶装置に保存したりする場合，ファイル容量を小さくして効率的に処理することを目的として，原ディジタルデータをそれとは別の形に変換することを**圧縮符号化**と呼びます。音楽など音響情報のファイル容量を圧縮する符号化方式には，例えば MP3 や AAC といった方式があります。これらの符号化方式では，例えば，人間にとって聴こえにくい 16 000 Hz 以上の周波数成分を切り捨てるなどの方法を用いて，ファイル容量を大幅に削減しています。ただし，この符号化方式では，切り捨ててしまった信号は欠落したままで元の信号に戻すことができないため，**非可逆符号化方式**と呼ばれています。

9.3.2 人間の聴覚特性に合わせて情報を切り捨てる MPEG 符号化方式

圧縮符号化には，原信号を完全に復元できる**可逆圧縮**（lossless compression）による符号化と，完全には復元できない**非可逆圧縮**（lossy compression）による符号化の 2 種類があります。音楽配信やディジタルオーディオプレーヤーで

使用される符号化方式としては，非可逆圧縮符号化方式が多く用いられます。これは音質よりも高圧縮率を優先する符号化方式であり，どの程度情報量を圧縮するかを用途に応じて選択できるなど，ユーザの要求レベルに応じた符号化品質の選択ができるのが特徴です。

　非可逆圧縮の代表的な方式が，ISO/IEC で標準化されている **MPEG**（moving picture expert group）**方式**です（**図 9.9**）。現在，広く使用されている符号化方式である **MP3**（MPEG audio layer3）や **AAC**（advanced audio coding）はどちらも **MPEG Audio** です。MPEG Audio の特徴は，聴覚の可聴周波数とマスキング効果という人間の聴覚特性を巧みに利用し，情報を圧縮する点にあります。まずは，等ラウドネス曲線上でほとんどの人にとって聴こえにくい 16 000 Hz 以上の音をカットします。この処理によってサンプリング周波数が狭まり，その分の情報を削減することができます。さらに，マスキング効果を用いて，大きな音のマスク範囲に入っている音をカットします。大きな音を聴くと，その周辺の周波数（critical band）がマスクされて聴こえにくくなり，最小可聴レベルが上昇するのがマスキング効果です。そこで，音をいくつかの帯域（サブバンド）に分割し，それぞれの帯域内での可聴レベルの最小値に合わせて，帯域ごとに無視しても影響のない信号をカットします。

　MPEG Audio では，オーディオ信号を受けると**高速フーリエ変換**（fast Fourier transform）を実行し，各周波数成分に応じたマスキング特性を計算します。こ

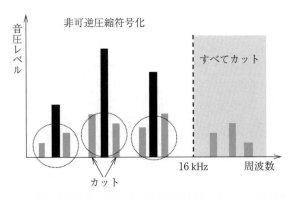

図 9.9　人間の聴覚特性に合わせて情報を切り捨てる MPEG 符号化方式

の計算結果に基づいて，各帯域の量子化ビット数を割り当てます。この他にも数学的な圧縮操作を行ってディジタルコードの量を削っていきます。最終的に，MPEG Audio はリニア PCM の 10 分の 1 程度までの情報圧縮が可能となります。

9.4 DVD オーディオとスーパーオーディオ CD

9.4.1 DVD オーディオ

DVD オーディオ（DVD-Audio）は，**オーディオ CD** のサンプリング（44.1 kHz/16 bit）よりも品質の高いディジタルオーディオ規格で，1999 年に DVD フォーラム（関係する企業が集まる組織）によって策定されました。DVD オーディオで用いられるディジタル符号化方式は，CD と同じ PCM 符号化です。サンプリング周波数は，44.1 kHz，88.2 kHz，176.4 kHz，および 48 kHz，96 kHz，192 kHz の 2 系列で 6 種類が扱えます。量子化ビット数は，16 bit，20 bit，24 bit が使用可能です。音声伝送の最大速度は 9.6 Mbit/s で，またサラウンド再生などで用

表 9.1 CD と DVD オーディオとの性能比較

性能評価項目		DVD オーディオ （1 層の場合）	オーディオ CD
ディスクの容量		4.7 GB	780 MB
ディスクのサイズ		12 cm，8 cm	12 cm，8 cm
チャネル数		高音質 6ch	2ch
再生周波数		DC-最大 96 kHz	5〜20 kHz
ダイナミックレンジ（理論値）		144 dB	96 dB
記録時間		74 分以上	74 分
最大転送レート（音声）		9.6 Mbps	1.4 Mbps
オーディオ信号詳細	必須オーディオ信号	PCM	PCM
	オーディオオプション	ドルビーデジタル，DTS，MPEG など	－
	サンプリング周波数 （2ch）	44.1/88.2/176.4/ 48/96/192 kHz	44.1 kHz
	サンプリング周波数 （マルチ ch）	44.1/88.2/48/96 kHz	－
	量子化ビット数	16/20/24 ビット	16 ビット

いるチャネル数は，最大 6 チャネルですので，5.1 ch マルチチャネルオーディ
オにも対応可能です。また，DVD オーディオでは片面一層で CD の約 7 倍の記
録ができるので，192 kHz，24 bit のステレオ（2 ch）でも CD よりも長く録音
できるというメリットがあります（**表 9.1**）。

9.4.2　スーパーオーディオ CD

スーパーオーディオ CD（super audio CD，**SACD**，**SA-CD**）は，1999 年に
ソニーとフィリップスにより規格化された次世代 CD 規格です。SACD では，CD
と同サイズの直径 120 mm の光ディスクに，オーディオデータを CD 以上の高
音質で記録したものです。SACD のディジタル符号化には，通常の PCM 符号
化方式ではなく，**DSD**（direct stream digital）**方式**という新しい符号化方式が
採用されています。DSD 方式で用いられる符号化方式は，従来の PCM 符号化
方式とは異なり，音声信号の大きさを 1 ビットのディジタルパルスの密度（濃
淡）で表現する **PDM**（**パルス密度変調**）**符号化方式**を採用しています。

　図 9.10 は，PDM 符号化方式を模式的に表したものです。この図では，アナ
ログ信号を正弦波形で表し，その上に PDM 変調されたビット列を模式的に記
しています。この図で，上下一組のセルが 1 ビットを表しており，灰色はビッ
トの値が「1」，白抜きはビットの値が「0」であることを表現しています。
PDM 符号化方式では，このビットの密度によって信号の振幅を表現します。

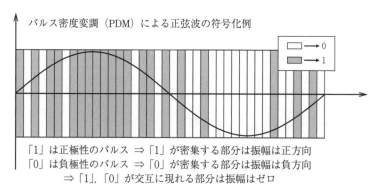

図 9.10　SACD で用いられるパルス密度変調（PDM）

例えば，「1」ビットが密集している部分は，信号の振幅が「正の方向」に大きいことを表します。逆に，「0」ビットが密集している部分は，信号の振幅が「負の方向」に大きいことを表します。また「1」と「0」が交互に現れている部分は信号の振幅がゼロであることを表します。正弦波の波形と重ねて見ると，正弦波がプラス方向に大きな出力の場合にはそれに対応して「1」ビットが連続出力され，正弦波が負方向に振れる場合には「0」ビットが連続出力されます。

PDM 符号化方式では，サンプリング周波数を十分高くすることによって 100 kHz をカバーする再生周波数範囲と可聴帯域内で 120 dB 以上のダイナミックレンジを達成できるため，演奏会場の空気感も含めて「原音」にきわめて近い音響特性を実現できると期待されています。また，PDM 符号を用いる DSD 方式のメリットとして，回路構成がとてもシンプルであることも挙げられます。その他，CD との比較を**表9.2**にまとめています。

表9.2　SACD と CD との性能比較

性能評価項目	SACD	CD
直径〔cm〕	12	12
厚さ〔mm〕	1.2	1.2
トラックピッチ〔μM〕	0.74	1.6
データ容量〔MB〕*	4 700	780
レーザ波形〔nm〕	650	780
開口数〔NA〕	0.6	0.45
オーディオコーディング	ダイレクトストリームディジタル	リニア PCM
サンプリング周波数〔kHz〕	2 822.4	44.1

＊　B はバイト（= 8 bit）

9.4.3　オーディオ符号化方式の課題

ディジタルデータは，基本的に伝送や複写による劣化がないことが大きなメリットです。しかし，もともとアナログである音響信号をディジタル化するときには A–D 変換が必須であり，またディジタル信号をアナログの音響信号に戻

す場合には D-A 変換をしなければなりません。特に，ディジタル化した信号を圧縮して符号化する場合には，さまざまな情報の省略や切捨てを行いますので，ここでさまざまな影響が入り込む余地があります。オーディオ符号化の理想は，もともとアナログであったオーディオ信号の品質を落とすことなく，なるべく圧縮して情報量を減らすことにあります。そのため，用途に応じた符号化方式がさまざま提案され，それらを使い分けてきました。その典型が，音声の符号化を目的とする狭帯域符号化と，音楽などを対象とする広帯域符号化の使い分けです。原音の品質を重要視する場合には，それらに加えて可逆符号化が用いられます。しかし，現実社会においては，それらの利用場面がたがいに独立して存在するわけではありません。音声にも音響にも使え，かつ，ひずみの少ない符号化方式が求められています。移動通信システムの国際標準化団体である 3GPP において，スマートフォンを対象として，音声も音響も高い品質を保ちながら伝送できるような符号化方式 EVS が開発されています。すでに，2016 年以降のスマートフォンには実装されており，今後も普及していくことが期待されています。

9.4.4　マルチチャネルオーディオ

　マルチチャネルオーディオ（multi channel audio）とは，音像定位や音場の広がり感を再現するために，2 チャネル以上の音響信号を伝送するオーディオシステムです。ここ数年で，マルチチャネルオーディオに対応する映画コンテンツが流通するようになり，プライベートで Audio/Visual 空間を構築して映画鑑賞を楽しんでいる人も少なくありません。そのような音場を「サラウンド」と呼ぶこともありますが，本書ではマルチチャネルオーディオと呼びます。マルチチャネルオーディオでは，聴取者の周りに複数のスピーカーを配置しますが，各スピーカーは聴取者を囲む等距離の位置に配置することで音場を再生します。それぞれのスピーカーから再生される音は，マルチチャネルオーディオで使用する各スピーカーと同じ数の指向性マイクロフォンを，受聴点から各スピーカーの方向に向けて配置し収音します。このように収音側と再生側

で，受聴点を中心とした円周あるいは球面上にマイクロフォンとスピーカーを同様に配置するのがマルチチャネルオーディオの基本的な考え方です。最近では，5.1 チャネル方式がマルチチャネルオーディオの主流となっています。**図9.11** は，5.1 チャネルのマルチチャネルオーディオです。このシステム構成は，国際連合の電気通信分野の専門機関である**国際電気通信連合（ITU-R）**のBS.775.1 で定義されたものです。

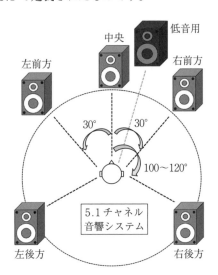

図 9.11 マルチチャネルオーディオの例（5.1チャネル）

2 個のスピーカーを用いるステレオの構成に加えて，正面にはセンタースピーカーと低音領域専用のスピーカー，また後方にはリアチャネル用のスピーカー 2 台が設置されています。このような構成によって，視聴空間内での音像が安定し，映像と音像の方向が一致するといった効果を得ることができます。特に，2 チャネルステレオシステムにはない中央スピーカー（センターチャネル）は，(1) 前方の音像定位を安定させる，(2) 適切なリスニングエリアを広げる，(3) 音像の方向を映像と一致させる，といった役割を担っています。さらに，後方スピーカー（リアチャネル）は，(1) 水平面音場の再生，(2) 側方と後方の音像定位，といった役割を担っています。5.1 チャネル方式につづく次世代型マルチチャネルオーディオとして，22.2 マルチチャネルオーディオ

の開発が進められています。TV 映像が 8K スーパーハイビジョンになってき
たのに合わせ，視聴者を取り囲むような音響空間を再生するのが，22.2 マル
チチャネルオーディオです。22.2 マルチチャネルオーディオを用いる次世代
型のホームシアターでは，従来の 5.1 チャネルとは一線を画するような，さら
なるリアリティを演出することが期待されています。

10

遠隔地に音声をどうやって伝送するのか？

10.1　電話機の発明と日本への導入

　1876年（明治9年）3月，**アレキサンダー・グラハム・ベル**（Alexander Graham Bell）は電話を発明し，米国で特許を取得しました（**図10.1**）。**電話機**の原理については，実は1844年にイタリアのマンゼッチ（Innocenzo Manzetti）によって論文として発表されていました。しかし，特許を取得して現代につながる電話機を実用化した意味ではベルの功績は大きく，本書では電話機の起源はベルにあると解釈することにします。

図10.1　アレキサンダー・グラハム・ベル氏発明の電話機（郵政博物館収蔵）

　ベルは，自らが発明した電話機を，1876年にフィラデルフィアで開催された独立100年記念博覧会に出品しました。この博覧会には，ベルの電話機の他にも，レミントン（Remington）社のタイプライタやエジソン（T. A. Edison）の電信装置といった発明品が出品されていました。ちなみに，ベルの電話機は，

このときの博覧会優秀発明品に推挙されたそうです。この当時，米国に留学していた伊沢修二と金子堅太郎は，ベルの電話機で通話の経験をしたようです。翌年の1877年（明治10年）にはベルの電話機が日本に輸入され，12月に工部省と宮内庁間で試用されました。

10.1.1　電話機の仕組み

ベルの電話機は，音波による振動で電磁振動板を駆動し，そこに流れる電流を相手側に伝えるという単純な仕組みでした。**図10.2**は，初期の電話機の仕組みを示す概略図です。

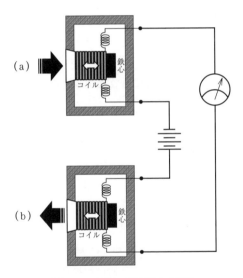

図10.2　初期の電話機の仕組み

図は直流電源が接続されており，コイルに直流電流が流れるとコイルに磁界が発生する電磁石になっています。例えば(a)側に向かって話すと，音声の音波が振動板に伝わって振動板につながったコイルを振動させます。コイルの中には鉄心が入っており，コイルの振動によって鉄心を通る磁界が変化するため振動に対応した起電力がこのコイルに発生します。このときに発生した電流が(b)側のコイルに流れると，その電流がこの(b)側のコイルを駆動します。

（b）側のコイルにも振動板が接続されているので，この振動板が振動することで（b）側で音が発生します。ベルは，この電話機を使ってデモンストレーションを行いました。1876 年 3 月 10 日，ベルは別室にいた弟子のワトソンに電話で "Mr. Watson come here. I want see you." と伝え，電気通信の時代が幕を開けました。

10.1.2　日本国内での電話サービス

1869 年 10 月 23 日，郵便事業と通信事業を管轄していた通信省（ていしんしょう）は，東京～横浜間の公衆電信線の架設工事に着手しました。いよいよ日本国内でも，電気通信のインフラストラクチャ構築が始まった記念すべき瞬間です。この記念すべき 10 月 23 日は，「**電信電話記念日**」として国の記念日に制定されました。その後，通信省は 1949 年に郵政省と電気通信省に分かれ，電気通信事業は 1952 年に**日本電信電話公社**が設立され，そこに引き継がれました。さらに，日本電信電話公社は 1985 年に民営化され，**日本電信電話株式会社**，通称 NTT が設立されました。「電信電話記念日」は，現在でも NTT 社内では記念日として式典が開催され，社長表彰や OB が交流する記念行事を行っています。

　話を少し戻して，1890 年には東京市内と横浜市内を結ぶ電話サービスが開始されました。電話サービスの開始当時は，発信者が電話で話したい相手を電話交換手に伝えると，電話交換手が手動で回線をつなぐという**手動交換**でした。交換手が回線をつなぐのに用いる装置は交換台とも呼ばれています。発呼者が回転式のレバーを回すと交換台のフラグ（機械式のポップアップ）が立ち，交換手は発呼要求があることを知ります。発呼要求を受けて，まずは発呼者が交換手に誰につないでほしいのかを電話で話します。交換手は，発呼者の要求を聴いて，着呼者と回線がつながるように交換台のジャンパスイッチを接続します。このようにして，発呼者と着呼者は**電話回線**を通して会話ができるわけです。

10.2　話したい相手にどうつなぐか？

10.2.1　電話交換機と電話網

　手動の交換では，電話と電話の間に「交換手」と呼ばれる人がいて，その交換手が相手に電話をつなげてくれます。発呼者が電話機の受話器を上げるとそのまま交換手につながり，例えば「横浜の品田さんにつないでください」と通話先を告げると，交換手が横浜の品田さんに回線を接続するという仕組みです。つまり受話器を上げるだけで交換手につながる仕組みだったため，初期の電話機には電話番号を入力するダイヤルはありませんでした（**図10.3**）。

　電話サービスが始まった当初は，加入者数は決して多くなく，わずか197のみの加入でした。初期のユーザは，省庁など政府の関連施設や銀行，新聞社な

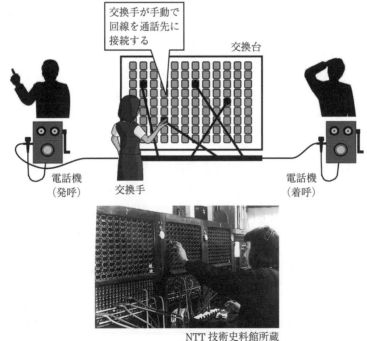

NTT技術史料館所蔵

図10.3　手動交換機による回線交換

どでした。国内初の電話帳には，例えば，佐賀藩出身で後に内閣総理大臣になる大隈重信，実業家で第一国立銀行（現 みずほ銀行）や理化学研究所，東京証券取引所などを立ち上げた渋沢栄一，土佐藩出身で明治維新で活躍し，後に逓信大臣となる後藤象二郎など，有力者が名を連ねています。初期のユーザが少なかったころは，「交換手」という人手による取次サービスでも電話需要に対応することが可能でしたが，加入者数が増え，利用回数が多くなるにつれ，人手による取次サービスではだんだん追いつかなくなり，多くの「交換待ち」ができるようになりました。このような電話需要の大幅な伸びという背景があり，1926 年から徐々に「交換手」に代わって人手を介さない **自動交換機** が導入されるようになりました。

10.2.2　機械式交換機からディジタル交換機へ

(1)　**ステップ・バイ・ステップ交換機** :

　　「ステップ・バイ・ステップ」とは，ダイヤル式電話機から送られてきたダイヤルの番号で指定された回線につぎつぎに接続していき，最終的に相手の電話機と回線がつながるという仕組みです（**図 10.4**）。例えば，相手の電話番号が 3 桁で「133」だとすると，交換機は最初の桁である「1」の接点に接続し，つぎに 2 桁目の「3」に接続し，最後に 3 桁目の「3」に接続すると，「133」と回線がつながる仕組みです。

　　ステップ・バイ・ステップ交換機 は，機械的なスイッチを駆動して回線をつなげていきますので，メカニックが動作するたびに大きな騒音を

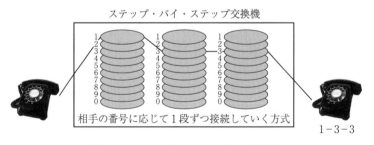

図 10.4　ステップ・バイ・ステップ交換機

発生します。初期のころにはステップ・バイ・ステップ交換機が**市内通話**に導入され，市内は自動的につながるようになりました。一方，**市外通話**は依然として手動接続でした。ステップ・バイ・ステップ交換機は数千回使用するごとに調整が必要な機械で，またメンテナンス保守が難しかったため，やがてクロスバ交換機に置き換わっていきます。

(2) **クロスバ交換機**：

ステップ・バイ・ステップ交換機よりも耐久性に優れ，騒音レベルも低い「クロスバ交換機」が1955年ごろから導入され始めました。このクロスバ交換機は，縦/横に格子状に配置された**金属の棒がクロス**（交差）しており，電話番号に応じて縦と横の金属バーを動かしてクロス（電磁石）させることで接点をつくり，回線を形成していくという仕組みで動きます。クロスバ交換機の導入によって，市外通話も含めた全自動化が実現しました。

(3) **電子交換機**：

それまでのクロスバ交換機やステップ・バイ・ステップ交換機といった電磁機械的制御と異なり，制御回路にマイクロプロセッサなどの電子回路を利用する交換機です。電子交換機により，布線論理（ワイヤードロジック）からソフトウェア制御になりました。このことによって，低コスト，高速，小型化が達成されました。

(4) **ディジタル交換機**：

制御信号や通話信号をすべてディジタル信号で処理して中継交換します。電子交換機では通話信号をアナログのまま処理していましたが，ディジタル交換機は，PCM符号で伝送される通話信号をPCMのまま交換します。通話信号が完全にディジタル化されているため，交換および伝送時に入り込む音質の劣化がありません。

(5) **NGN**：

従来の回線交換による電話網に代わるものとして，各通信キャリアが導入を進めているパケット交換を基本とする**次世代通信網**（next generation network）の略語です。2000 年代以降，データ通信の需要が増加して音声通信のトラフィックは減少してきました。そこで NGN では，柔軟かつ経済性に優れた**インターネットプロトコル**（internet protocol，**IP**）技術をベースとして電話網を構築し直すことで，IP ネットワークを用いて電話網を構築しています。NGN では，電話やテレビ会議，ストリーミングなどを統合して通信と放送の融合を行っています。電話，データ通信，ストリーミング放送を統合して融合サービスを開発することで，高速通信網を有効利用し，国内外における通信事業の競争力を確保することを目指しています。

10.2.3　固定電話網と携帯電話網

(1)　**固定電話のネットワーク**：

　一般加入電話サービス（アナログ）の電話線は，電話機から部屋にあるモジュラジャックを通って，家の外にある電信柱を経由し，**電話局**まで電話線が直接つながっています。さらに，発信者側の電話局内にある**電話交換機**は着信者側の電話局内にある電話交換機と接続され，そこから着信者の電話機までつながっています。着信者側でも，電話局から着信者の端末まで電話線が直接つながっています。このアナログ通信回線を相互につなぐことでたがいに通話できるようになるのです（**図 10.5**）。なお，NTT の電話網は，2025 年までに既存のアナログ**固定電話網**を全廃し，ディジタルの IP 網に移行します。

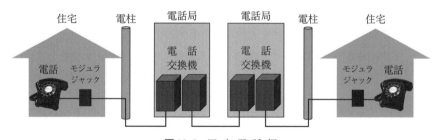

図 10.5 固定電話網

(2)　**携帯電話のネットワーク:**

　　例えば,Aさんの携帯電話から発せられた電波は,直近にある**無線基地局**に届いた後,光ファイバなどの有線ケーブルを通って着信者であるBさんの近くにある無線基地局まで伝送され,再び電波となってBさんの携帯電話に届くことで通話が成り立ちます(**図10.6**)。

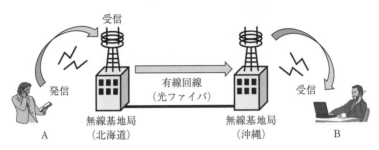

図10.6　携帯電話のネットワーク

　　携帯電話は,車や新幹線からの発信でも通話が切れずに維持されています。その理由は,携帯電話が複数の基地局と通信しながら最適な電波を選択しているからです。携帯電話はつねに近隣の無線基地局の電波強度を測定し,電波がある一定の強度以下になると,それまでの回線を切断します。

図10.7　携帯電話のハンドオーバー

そして，より強度の強い別の回線に切り替えています。携帯電話は自動的につぎの接続の準備を行っているため，基地局の切替えをユーザが意識することはなく，電波状況に応じてスムーズに基地局を切り替えることができます。この仕組みを「**ハンドオーバー**」と呼んでいます（**図 10.7**）。

10.2.4　ディジタル通信網

(1)　**データ通信のネットワーク（メタル）**：

データ通信網では，アナログ電話網で用いていたメタル（銅線）回線を用いてディジタル信号をそのまま送受信します。メタル回線を用いたディジタル通信サービスは，**ISDN 回線サービス**として知られています（**図 10.8**）。

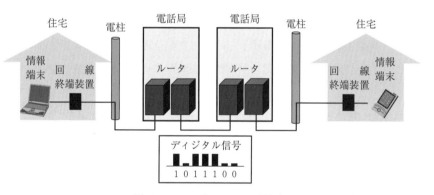

図 10.8　ディジタルデータ通信網

もしアナログ信号をディジタル回線で送受信しなければならない場合には，**モデム**（modem）を用いてアナログ–ディジタル変換（A–D 変換）を行います。モデムは，ディジタル信号とアナログ信号を相互に変換（変調）する装置で，変調（modulator）と復調（demodulator）を意味する英語の頭文字を合わせてモデム（modem）とした造語です。同様に，通信路がディジタル回線であっても，モデムを用いてアナログ信号をディジタルに変換することでアナログ機器をディジタル回線に接続することができま

す。例は逆ですが，アナログ電話回線用に設計されている G3 ファクシミ
リの場合，機器内でのデータ処理はディジタルで行っていますが，デー
タを送信するときにモデムを用いて D-A 変換を行い，ディジタルデータ
を音声（アナログデータ）に変換してアナログ電話回線を通します。ファ
クシミリデータ（音声に変換されている）の受信側では，アナログ音声
化されたファクシミリデータをモデムによってディジタルデータに A-D
変換してファクシミリの画像（ディジタルデータ）を取り出します。

　読者の中には，ファクシミリ宛の間違い電話を受け取った経験のある人
もいると思います。ファクシミリ宛の間違い電話をとると，「ピー，ヒョロ
ヒョロ，ガガガー」などの音が聴こえてきます。この信号は，ファクシミ
リのディジタルデータが D-A 変換されてアナログ音声となった信号であ
り，ファクシミリ端末が電話を受信すれば決められた手順（プロトコル）
で画像を取り出すことができますが，人間が受信して音声を聴くと雑音の
ように聴こえます。パソコンや情報端末などのディジタル機器は，ディジ
タル回線に直接接続することで高品質な**ディジタル通信**を行うことができ
ます。

(2) **光　通　信**：

　メタル回線を使ったディジタルデータ通信では，既存の電話回線を使用
するため新たな回線工事は不要でコストを抑えられますが，メタル線を用
いる通信では，通信速度に限界があり，高精細画像や動画といった大容量
のデータをやり取りするのは難しいという課題があります。一方，光は周
波数が高いため高速通信が可能で，また電磁波などのノイズによる影響を
受けないので安定した通信が可能です。さらに，純度の高い**光ファイバ**と
レーザ光を組み合わせることで，高速かつ長距離の通信が可能です。

　電話（ディジタル）やパソコンなどの情報端末から送られてくるディジ
タル電気信号は，**E-O 変換器**（electronic-optical signal converter）で光の
ON と OFF に変換され，光信号として光ファイバに送り込まれます。光
ファイバの中を伝搬した信号は，通信相手の **O-E 変換器**（optical-electronic

signal converter) へ届くと，その光信号がディジタル電気信号に変換され，各端末に伝送されます。例えば，「0」と光が消えている状態を対応させ，「1」と光が点いている状態を対応させれば，ディジタル電気信号の「0」と「1」をそのまま光信号として送信できます（**図10.9**）。

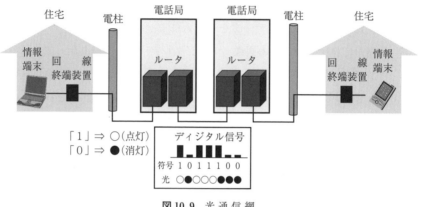

図10.9　光通信網

10.2.5　コンピュータ通信

コンピュータネットワークは，もともとはアメリカ合衆国とソビエト連邦（現 ロシア）との冷戦という状況下で生まれた**分散型ネットワーク**です。電話網では，交換機で構成されたネットワークを集中管理することで，効率的にデータ伝送するのが基本的なコンセプトです。しかし，集中管理方式の場合，もし管理を担うセンターが例えばミサイル攻撃といった大規模攻撃を受けた場合，ネットワーク全体の機能が停止してしまいます。このような事態を避けるため，データ伝送のルートを分散するコンピュータネットワークが発案されました。つまり，伝送ルートが固定されていないコンピュータネットワークであれば，どこかで通信ルートが破壊されても別の迂回ルートを柔軟に使用でき，データ伝送には実効的な支障が発生しません。

コンピュータネットワークで使われるのが**パケット通信方式**です。従来の電話網では，通信相手と回線をつなぎっぱなしにする**回線交換方式**が使われてい

ましたが，パケット通信方式ではデータを小さな小包のように**パケット**に分割し，このパケット単位に通信を行います。例えば，高精細画像のような大きなデータは，通信回線で伝送されるときには複数のパケットに小分けされて宅配荷物のように伝達されます。情報を送り出すときに，各パケットには ID が付与されてどのパケットがどの順番で送り出されたのかがわかるようになっています。受け手のほうでは，送られてきたパケットをその ID に基づいて復元すれば送信時の情報のとおりに再現することができます。ディジタルデータがパケット単位で送られてきますので，例えば，先ほどまで使っていた回線が途絶えても別のルートでパケット伝送できれば，受け手側はそれぞれ別ルート経由で届いたパケットを組み立てればよいので，柔軟で堅固な通信網を構築することができます。

　このような分散ネットワークで用いられる通信手順がインターネットプロトコルです。この通信プロトコルは，国際標準として決められている **OSI 基本参照モデル**に基づいて決められています。OSI 基本参照モデルでは，通信の手順が 7 階層に分離されており，通信は第 1 層から順次確立されていきます。通信回線の条件をまず第 1 層でチェックし，適格であればつぎの第 2 層のチェックに進み，第 2 層が適格であれば第 3 層に進む，といった具合です。このモデルでは通信の手続きが層構造になっていますので，下位層の通信手順が確立されてしまえば，上位層は下位層の状態を気にする必要がないというメリットがあります。例えば，データリンク層（第 2 層）から見れば，第 1 層はメタル回線でも，光回線でも，マイクロ波無線でも，とにかく階層としての通信機能が確立されていればよいのです。そして第 7 層がアプリケーション層で，一般のユーザが利用するのはこの第 7 層で動いているアプリケーションソフトです。

　現在，世界のコンピュータ通信で多く用いられている通信プロトコルは **TCP/IP プロトコル**です。OSI 基本参照モデルは，1977 年から国際標準化の検討が始まり，1994 年に ISO/IEC7498 として規格化されました。しかし，その当時のコンピュータは現在のコンピュータのように十分な CPU パワーをもっておらず，OSI 基本参照モデルは通信プロトコルとしては理想形ではあるものの，

実装面では困難という側面がありました。そのような背景の下，当時のパソコンに実装して稼働させるという観点で効率的かつ現実的な仕様だったのが，簡易な TCP/IP プロトコルでした。そして，この TCP/IP プロトコルが Web（WWW）の流行とともに一気に普及し，現在も世界中で用いられる通信プロトコルとなっています（**表 10.1**）。

表 10.1　OSI 基本参照モデルと TCP/IP プロトコル

OSI 基本参照モデル	階層が担う機能	TCP/IP の階層
（第 7 層）アプリケーション層	蓄積機能，変換機能など，応用サービスに関わる規約	（第 4 層）アプリケーション層
（第 6 層）プレゼンテーション層	情報の表現方式の規約，日本語・数字などの表現コード体系，音声・画像などの符号化機能など	
（第 5 層）セッション層	送受プロセスでの情報のやり取りのための制御機能の規約	
（第 4 層）トランスポート層	エンド-エンド間のデータ転送方式の規約，チャネルの分割使用，エンド-エンドの送達確認など	（第 3 層）トランスポート層
（第 3 層）ネットワーク層	エンド-ノード間の通信経路の選択，交換方式の規約	（第 2 層）インターネット層
（第 2 層）データリンク層	ノード間の伝送誤り制御方式の規約，誤り検出，再送制御など	（第 1 層）ネットワークインタフェース層
（第 1 層）物理層	電気物理条件の規約，電圧レベル，コネクタのピン数や形状など	

TCP/IP プロトコルで通信相手を特定するのはインターネット層（第 2 層）とトランスポート層（第 3 層）ですが，このプロトコルとして多く用いられている IPv4 では，32 bit で表現された **IP アドレス**によって通信相手を特定し，パケットを送ります。インターネット上でのパケットのやり取りでは，IP アドレスで通信相手の特定やルーティング（経路制御）を行いますので，コンピュータ通信では IP アドレスは非常に重要な情報です。インターネット上のサイトから音楽コンテンツをダウンロードしたり，ネットで検索した結果を受け取ったりすることができるのも，配信側のサーバに対して自分の IP アドレスを提示することで，データの受取先（自分のコンピュータ）を指定するからです（**図 10.10**）。

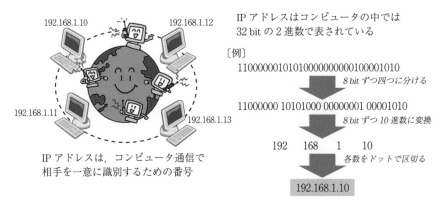

IP アドレスはコンピュータの中では 32 bit の 2 進数で表されている

〔例〕
11000000101010000000000100001010

8 bit ずつ四つに分ける

11000000 10101000 00000001 00001010

8 bit ずつ 10 進数に変換

192　168　1　10

各数をドットで区切る

192.168.1.10

図 10.10 コンピュータ通信で使われる IP アドレス

10.3　音声通話の品質をどう設計するか？

10.3.1　通話品質とは？

通話品質は，電話で話す場合に通話する相手の話声が遅れなくはっきりと聴こえるかどうか，その度合いを意味します。通話品質の基準は，自由空間（反射などのない空間で，例えば無響室など）においてたがいに 1 m 離れて会話する場合の音声品質を再現することです。したがって，通信機器を介する会話においても，あたかも自由空間で 1 m 離れて会話しているのと同等の音声品質が再現できればよいことになります。つまり，品質として目指すのは，1 m の距離で正対して会話しているときに，聴き手の鼓膜に生じる音圧を電話を介し

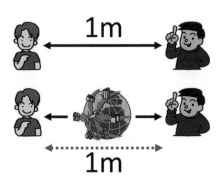

図 10.11 通話品質評価の基準

て遠隔で再現することです。音声の品質を決める主な要因として，遅延，エコー（反射音），明瞭度があります（**図 10.11**）。

10.3.2 音声品質には明瞭度と了解度がある

通話品質の尺度として用いられるものに**明瞭度**と**了解度**があります（**図 10.12**）。これらは，送話内容が受話者に正しく聴き取られる割合を％で表したものです。送話内容として，言語的な意味を含まない単音または音節を用いた場合に，送話内容が正しく聴き取られる割合を，それぞれ**単音明瞭度**および**音節明瞭度**と呼んでいます。一方，送話内容が言語的な意味をもつ単語または文章を用いた場合に，送話内容が正しく聴き取られる割合を，それぞれ**単語了解度**および**文章了解度**と呼びます。音節とは，2～3 個程度の単音（子音と母音）がひとかたまりになった音であるため，音節明瞭度は単音明瞭度よりつねに小さいのが一般的です。送話内容が言語的な意味をもつ場合には，送話内容に含まれる音節の一部が聴きとれなくても，送話内容全体の意味から欠落部分を推定できるので，文章了解度は音節明瞭度よりもかなり大きな値になるのが一般的です。

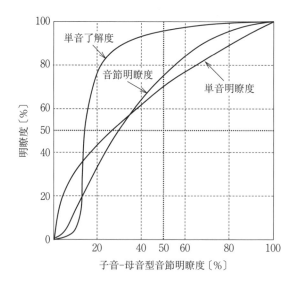

図 10.12 明瞭度と了解度

一般的な電話サービスにおいては，80％の単音明瞭度を確保することが通話品質の基準となっています。一般に，音節明瞭度が60％（単音明瞭度で80％）程度確保できれば文章了解度は95％以上確保できることが知られており，送話内容はほぼ完全に伝達することが可能です。したがって，電話系のサービスの通話品質では，最低80％の単音明瞭度を確保することが基準となっているわけです。

10.3.3 音声を伝えるのに必要な周波数帯域

本書の4章において，人間の声の基本周波数は100〜400 Hz 程度であり，その整数倍の高調波を含むような音波が母音であることを述べました。われわれの声，つまり音声を伝えるために必要な周波数帯域はそれほど広くはありません。音声信号の伝達チャネルに低域通過フィルタまたは高域通過フィルタを入れて，フィルタによる遮断周波数と音節明瞭度の関係を測定すると，300 Hz 以下をカットしても明瞭度はそれほど下がりません。また，高周波領域では4 kHz 以上をカットすると明瞭度が徐々に下がってきて，3 kHz 以上をカットすると明瞭度が90％程度に下がります。このように見ていくと，音声の伝達では3 kHz 程度までの音声を伝達すれば明瞭度は確保できることがわかります。

音声の伝達では，通話上重要な周波数成分は950〜3 000 Hz の間に含まれています。可聴帯域全体から見ると，音声伝達のスペクトルは低周波のほうに多く集まっており，明瞭度に寄与しない周波数成分をカットすれば伝送すべき情報量を大幅にカットすることができます。電話においては，了解度だけでなく音質の自然性もある程度要求されるため，伝送周波数帯域を極端に狭くすることはできませんが，なるべく狭い周波数帯域を使ってできるだけ自然で聴きやすい音声信号を伝達したいのが電話です。このような考え方に基づき，電話サービスの音声伝達チャネルでは，伝送周波数帯域を300〜3 400 Hz と決めています。

11

音声合成/認識はどんな仕組みで動くのか？

11.1　音声合成とは？

　音声合成（speech synthesis）とは，任意の文章（テキスト）から音声を人工的に合成してつくり出すことです。音声合成器によってつくり出された音声を**合成音声**（ごうせいおんせい）と呼びます。音声合成は，テキストを音声に変換できることから，テキスト音声合成または Text-To-Speech（TTS）と呼ばれることもあります。音声を合成する技術には，録音された音声の素片を連結して合成する**波形接続型音声合成**，音声生成に関する知識を基に定めた規則に基づいて音声を合成する**規則合成型音声合成**，統計的に学習したパラメトリックな生成モデルに基づき音声を合成する**統計的パラメトリック音声合成**があります。

11.1.1　音声合成には長い歴史がある

　音声合成には長い歴史があります。1791 年にハンガリーの**ヴォルフガング・フォン・ケンペレン**（Wolfgang von Kempelen）は，鞴（ふいご：鍛冶屋などで炉に風を送る道具）を用いた機械式音声合成器を製作しました（**図 11.1**）。この音声合成器では，舌と唇をモデル化しており，母音だけでなく子音も発音できたというから驚きです。

　ケンペレンから約 150 年後の 1940 年，アレクサンダー・グラハム・ベルが創設した電話会社ベル・システム社の研究所であるベル研究所のホーマー・ダ

ヴォルフガング・フォン・ケンペレン

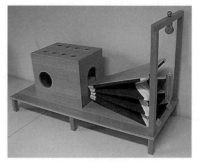
ケンペレンの Speaking Machine
（レプリカ）

図 11.1　ケンペレンと Speaking Machine

ドリー（Homer Dudley）は，通信用の言語分析および再合成機である**ボコー
ダ**（Vocoder）を開発しました。

　Vocoder は Voice Coder を略した造語で，電話などの通信分野で音声圧縮技
術をテストするために開発したものでした。ベル研究所はアメリカが世界に誇
る研究所であり，主に電気通信技術の基礎に関わる数学，物理学，人間行動科
学，材料科学，コンピュータ科学など，多くの優れた研究を行っており，何人
ものノーベル賞受賞者を輩出してきました。

　コンピュータを使った音声合成システムは 1950 年代後半に開発されました
（**図 11.2**）。ベル研究所では，1961 年に物理学者のジョン・ラリー・ケリー・
ジュニア（John Larry Kelly, Jr.）が，浮動小数点演算が可能（世界初）なコン

★このキーワードで検索してみよう！

日本最初の全電子式音声合成装置 🔍

「日本最初の全電子式音声合成装置」で
検索すると，日本で初めて開発された音
声合成装置の音を実際に聴くことができ
ます。

図 11.2　日本初の音声合成装置[16]

ピュータ IBM704 を使って音声合成を行いました。この音声合成では，声道を断面積の変わる複数の音響管と見なすような「**声道アナログモデル**」を発案し，これを IBM704 で動くソフトウェアとして実現しました。後に，この音声合成ソフトウェアで歌も歌わせています。この後，1968 年に最初の**テキスト読上げ**システムが開発されました。

日本国内では，1959 年～1960 年ごろに，郵政省通信総合研究所音声研究グループによる日本最初の全電子式音声合成装置が開発されました。国内最初の音声合成機は汎用コンピュータではなく，数多くの真空管やジャンパ線を用いた配線など，かなり大がかりな装置でした。

そして 1970 年，クラットによる**フォルマント合成器**が開発されました。フォルマントについては 6 章で説明しましたが，母音を特徴づける音声の周波数成分です。1970 年代には，日本電信電話公社（現 NTT）の電気通信研究所において，線形予測分析（LPC）による音声合成方式が提案されました。1984 年には，DEC 社（Digital Equipment Corporation）が，テキストから音声を合成する装置 DECTalk を商品化しました。さらに，1995 年には，**音声コーパス**（自然言語の文章を構造化して大規模に集積したデータ）を用いる**コーパスベース音声合成方式**が提案されました。コーパスベース音声合成では，発話音声を録音してコーパスベースを構築しておき，音声合成で出力すべきテキストに合わせて，すでに録音した音声の断片をつなぎ合わせて再生します。音声は，例えば，センテンスや前後の単語との関係によってイントネーションが変わるため，コーパスとして大規模なデータベースが必要となります。

11.1.2　音声合成は音響技術だけでは実現できない

任意のテキストを入力してそのテキストを読ませる音声を合成する場合，音響的な処理だけで自然な音声を出力できるわけではありません（**図 11.3**）。一つの単語が入力された場合であっても，前後にどのような単語があるかによって読み方が異なります。

例えば，「声」という漢字が入力された場合，「声」の前に「鳥の」が，また

図11.3 音声合成は音響技術だけでは実現できない

「声」の後に「が」があれば，この文節は「鳥の声が」となり，「声」の発音は「こえ」としなければなりません。一方，「声」の前に「音」があれば，この文節は「音声」という単語を構成しますので「せい」と発音する必要があります。また，テキストの文章が平叙文なのか疑問文なのかなど，単語が含まれている文の文脈によってイントネーションが異なります。つまり，音響的な処理を行う前に，入力されたテキストの言語的な処理を適切に実施しなければ，どのような音声を合成すればよいのか判断できません。

11.2　音声合成技術の枠組みと処理の流れ

　図11.4は，コンピュータにテキストが入力されてから合成音声が出力されるまでの，一般的なテキスト音声合成の処理の枠組みと流れを示しています。
　テキストが入力されると，日本語のテキスト解析が行われ，**韻律**（いんり

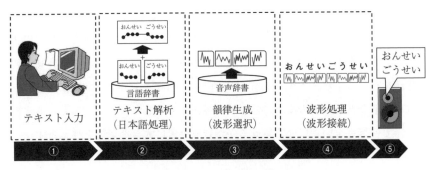

図11.4　音声合成処理の流れ

つ）**生成**を経て**音声波形の接続**が行われ，最終的な合成音声が生成されます。

① テキスト入力：　コンピュータにテキスト（文章）が入力されます。

② テキスト解析：　入力されたテキストの言語的な解析を行い，読みやアクセントなどを特定します。

③ 韻 律 生 成：　テキスト解析の結果に合わせて，韻律処理（イントネーションなどを決める）を行い，適切な韻律の組合せを決定します。

④ 波 形 処 理：　各単語の波形処理を行って接続し，最終的な音声パターンを生成します。

⑤ 音 声 出 力：　生成された音声の出力を行います。

11.2.1　テキスト解析処理

はじめに入力された日本語テキストの解析が行われます。入力された漢字かな混じり文から音声を合成する際，音の形成に関わる要素を抽出します。例えば，音節の単位と読み，アクセントの型，などです。これらの情報を基にピッチ周波数のパターン，音量（パワー）の変化，そして時間長のパターンが決められます。音声合成が簡単ではない要因の一つとして，同じ母音であっても音韻のつながり方によってスペクトルの特徴が変わるということがあります。また，単語はアクセントの位置によって意味が異なる場合がありますので，合成する音の単位を決定した後にピッチ周波数の変更が必要になる場合があります。このように，音節の単位と読み，アクセントの型など，テキストと音声を関連づける多くの情報をデータベース（辞書）に蓄積しておく必要があります。単一のパターンだけではなく，考え得るバリエーションを辞書として用意しておく必要があるのです。音声合成の最終段階では音素をつなぎ合わせる波形接続を行いますが，テキスト解析の段階での精度が十分でなければ，その影響は最終的な波形接続の段階にも影響を与えます。したがって，テキスト解析の段階での辞書をいかに充実させるかが合成品質に大きな影響を与えます。

11.2.2 韻律生成処理

韻律とは，声の高さ，イントネーション，リズム，ポーズなど発話の仕方の特徴を意味します。例えば，**図11.5**に示すように「音声合成」の韻律を考えると，「音声」という単語と「合成」という単語は，単独で存在する場合のイントネーションはそれぞれ「おんせい－上下下下」と「ごうせい－下上上上」です。しかし，「音声合成」という複合語にした場合，イントネーションが変化して「おんせいごうせい－下上上上上下下下」となります。このように，単語のイントネーションは，文脈の中でどのような単語とどうつながっているかによって決まります。したがって，単語の韻律を決めるためには，文節を見て係り受けを分析しなければなりません。

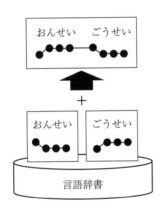

図11.5 音声合成における
韻律の変化（例）

　任意のテキストを自然に読ませるためには，発声の対象とする単語のあらゆる韻律パターンをデータとして蓄えておき，単語が使われる文脈に応じて適切に韻律パターンを選択する必要があります。つまり自然な合成音声を出力するためには，韻律に関する詳細なデータベース（辞書）が必要とされ，このデータベースのサイズが音声合成の精度と品質を左右するといっても過言ではありません。2000年当初は，コンピュータに組み込まれるメモリ容量が音声合成処理を行うのに十分ではなく，またプロセッサの実行速度もそれほど高くなかったため，システムに組み込めるデータベースはそれほど大規模なものではありませんでしたし，そのため合成音声の完成度も十分ではありませんでし

た。しかし最近では，プロセッサの性能が大きく向上し，またメモリの大容量化が進むとともに，補助記憶装置も磁気ディスクから半導体素子メモリを用いたソリッドステートドライブ（SSD）が用いられるようになり，高速・大容量の記憶装置を活用して大きな辞書を活用できるようになりました。近年では，大型の高性能コンピュータをサーバ側に設置し，そこにスマートホンなどの情報端末からネットワークを介してアクセスする仕組みによって，ローカル端末では処理しきれないような高品質の音声合成サービスも提供されるようになりました。

11.3　さまざまな音声合成方式

11.3.1　編集合成方式と規則合成方式

(1)　編集合成方式：

　　単語や文節の単位で人間の声を録音しておき，その音声を編集してつなぎ合わせることで目的の音声を合成します。音声の素材が人間の声であるため，編集合成した音声は人間が話しているときの声に近い自然な仕上りになりますが，一つ大きな弱点があります。編集合成方式では一定の長さの音声を録音し，それらをつないで文をつくるため，任意のテキスト文を合成音声で読ませることができません。つまり，ある程度決まった内容しか表現できないのです。そのため，例えば，駅のアナウンスや時報，電話予約などのように，一定の発話パターンのある，限定的な用途でのみ使われています。編集合成方式は，人間による発声（自然音声）そのものを，単語やフレーズといった再利用可能な単位でデータベースに蓄積し，これらを適切に連結することで合成音を生成する技術です。これは自然で品質の高い合成音が得られる反面，その仕組み上，合成できる音声メッセージが限定されるという制約があるのです。また，固有名詞などの新たな単語やセンテンスを追加する場合，同じ発話者が同じ発話スタイルで音声の収録を重ねなければならない制約もあります。

(2)　規則合成方式：

音声を構成する「音素」や「音節」など，単語よりも小さな単位で音の要素を組み合わせて合成する方法であり，任意のテキストを読ませることが可能です。編集合成方式と比較すると，圧倒的に自由度が高いのが規則合成方式の特徴です。規則合成方式では，テキスト解析部から受け取ったアクセントやポーズなどのパラメータに基づいて，合成すべき音声のピッチパターン（基本周波数）や音を，どのくらいの長さにわたって継続するのか音韻時間長を設定します。この処理は，合成音声の自然さに大きく寄与します。つぎに，設定された韻律に基づいて，接続すべき音声の単位を組み合わせて音声単位列を生成し，それぞれに該当する音声合成の単位を音声パラメータ DB から検索し，合成パラメータ系列を生成します。つぎの段階では，音声合成パラメータに基づいて音声波形を DB から引き出し，これに**音声伝達フィルタ**をかけて加工し，最終的な合成音声の波形を出力します（**図 11.6**）。

規則合成方式は，あらかじめ決められた音声生成モデルで規定された

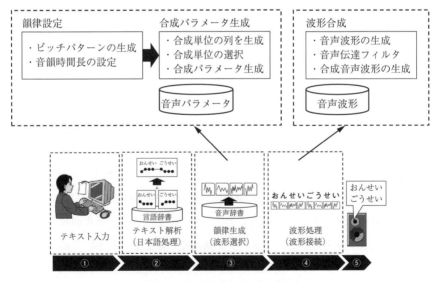

図 11.6　規則合成方式の処理概要

ルールに基づき音を変化させて合成するため，音の自然さには限界があります。日ごろから人間の声を聴き慣れているわれわれにとって，規則合成方式で出力された合成音声にはどうしても機械的な不自然さを感じてしまいます。音声合成の研究では，どこまで人間の発話に近いナチュラルな音声を出力できるかが，技術のよし悪しを決める重要なポイントです。規則合成方式は，任意のテキストを合成音声でアナウンスできるという大きなメリットがありますが，合成ルールとして記述できる表現力の限界，波形断片を作成・編集する際の信号処理による波形劣化が避けられない，といった制約があります。規則合成方式には大きな自由度があるにもかかわらず，当初の期待ほど普及に至らなかったのは，音質的な課題が原因と考えられています。

11.3.2　フォルマント音声合成と調音音声合成

　規則合成による音声合成は，人間が音声を発生するときの生成規則を特定し，その規則に基づいて音声を生成する方法です。規則合成方式には，**フォルマント音声合成**や**調音音声合成**などの手法があります。フォルマント音声合成では，音声の基本周波数やフォルマントの特徴的なスペクトルなど，声に関わるパラメータを調整して音声を合成します。フォルマント音声合成は，合成器のプログラムサイズが小さく，パラメータの調整で音質を変えやすいなどの長所がありますが，音質が機械的で人間の音声らしくないという短所もあります。

　調音音声合成は，われわれが声帯および声道などの発声器官を動かして声を発する調音器官の構造をモデル化し，それを基に音声を合成する方法です。調音器官としてモデル化する対象は，顎，下唇，舌先から舌奥までの範囲（4ポイント），軟口蓋の各点です。人間が連続的に音声を発声する場合の各調音器官の動きを模擬していきます。単語のアクセントや文脈から，音声のピッチや速さ，声の大きさなどの韻律パラメータを決めていきます。しかし，調音音声合成では声道のパラメータが限定的であるため，音声の品質には限界があります。

11.3.3 自然な発話を目指すコーパスベース音声合成

音声合成の方式として，あらかじめ文章や品詞を録音しておき，それらを組み合わせて合成する編集合成方式は早くから使われてきました。しかしこの方法は，パラメータから音を合成する規則合成方式よりもはるかに音声の品質はよいものの，定型文章にしか使えない欠点があったことをすでに説明しました。

そこで，音声の素片を細かい単位で**コーパス**（データベース）として保存し，これを韻律情報に基づいて選び出し，これをつなぎ合わせて音声を合成する方法が発案されました。音声合成技術として見ると，編集合成方式と規則合成方式の長所を合わせて音声合成の品質と自由度の両方を向上させるのがねらいです。**コーパスベース音声合成**（**CTTS**）方式では，音声の大規模データベース（音声コーパス）を構築し，統計的なアプローチで生成モデルを決定します。コーパスベース音声合成は，任意のテキスト入力を合成対象としつつも，編集合成方式に迫る表現力や肉声感を保てる方式として，現在，音声合成技術の主流になっています。CTTS を実現する上で 1990 年代には大きな課題であった計算量やデータベースの記憶容量の問題は，情報機器の性能向上と記憶装置のコストダウンによって解決され，多くの CTTS サービスが実用化されています。

CTTS を実現するために必要な技術は，音声コーパス構築技術と音声合成技術に大別できます。**図 11.7** は，コーパスベース音声合成の流れを示しています。この図で，図 (a) は音声コーパスの構築に関わる処理，図 (b) は音声コーパスを用いる音声合成に関わる処理です。

（a）**音声コーパスの構築**：

　　　高品質な音声合成を実現するためには，単語や音節，音素（子音/母音など）といったように，音声がもつ多くの要素をまんべんなく含むように肉声の音声を収録する必要があります。したがって，肉声音声を収録する際には，日本語文章で出現するさまざまな音声要素をまんべんなく含むような標準的な読上げ用文章を用意し，その読上げ音声を収録します。ここで収録した肉声音声による大規模データベースから音声素片を検索できる

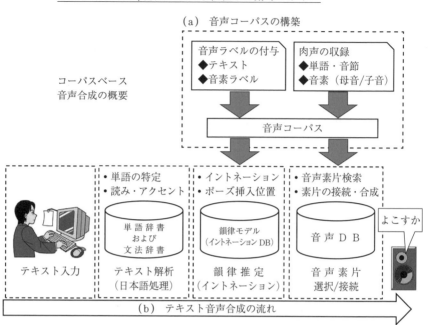

図 11.7　コーパスベース音声合成の流れ

ようにするため，単語のどの部分でどのような発声を行っているのかを区別する音素単位のラベルが必要になります。このラベルづけ作業は人手による場合が多く，したがって**音声コーパス**を構築するためには多くの時間と労力が必要となります。音声コーパスの構築では，時間に換算して数十分から数十時間分の読上げ用文章を，肉声を提供してくれる協力者に渡して読み上げてもらいます。このようにして取得した音声データに対し，音素・韻律・形態素といったさまざまなレベルでテキストを対応させ，データベースに格納します。そして，音声合成の際に必要な各種パラメータの抽出，および統計データの算出などを行って音声コーパスを構築します。構築された音声コーパスに対して，統計的なモデル学習などの処理を行い，韻律モデルと音声データベースを作成します。

(b)　**テキスト音声合成**：

コーパスベース音声合成では，「テキスト解析」，「韻律推定（イント

ネーション設定）」，「音声素片選択・接続」の3段階の処理と，各処理で
使用するデータベースが必要です。コーパスベースのテキスト音声合成の
処理の流れを図（b）に示します。入力されたテキスト（漢字かな混じり）
を解析して単語を特定し，読みやアクセント，イントネーション，ポーズ
挿入位置を付与していきます。つぎに，アクセントやイントネーションな
どの音韻系列に沿って，音声データベースから適切な音声素片を検索し，
それらを接続，合成していきます。接続の際には，音声信号処理によっ
て声の高さ/長さなどを調節した後，音声波形を出力します。

11.4　音声認識とは？

11.4.1　音声の内容を認識するのは容易ではない

　音声認識とは，人間が音声で発話した内容をコンピュータが言語として認識
し，文章（テキスト）に変換して出力する技術です。われわれは，普段の会話
の中で他者の発話内容（音声）を容易に認識して，その意味を理解すること
ができます。しかし，人間が音声で発話した内容を認識するプロセスをコン
ピュータで実現するのは簡単ではなく，非常に高度な技術を必要とします。現
在では，われわれの日常生活の中にも人間の音声を認識する情報機器が浸透し
つつあります。実際，**スマートスピーカー**と呼ばれる情報機器が商用化されて
おり，われわれの日常生活に利便性を与えています。これらのスマートスピー
カーサービスでは，例えば，スマートスピーカーに向かって「今日のニュース
は？」と話しかければNHKニュースを再生する，あるいは「今日の天気は？」
に対しては「予想最高気温24℃，最低気温16℃，晴れときどき曇りでしょう」
などと回答してくれます。このようなサービスは，人間からの音声による問い
かけを認識してテキストに変換し，その意味を理解して必要な情報を検索して
音声で返答するという，一連の高度な技術を連携させてこそ可能となります。
音声認識技術の研究は1950年代から始まりましたが，初期の技術では単音節
が認識できるレベルでした。しかし，現在では人間の話し言葉を広く認識でき

るまでになり，目覚しい発展を遂げています。

11.4.2　コンピュータが音声内容を認識するときの難しさ

音声認識の精度がなかなか向上しない原因はいくつか考えられます。

(1)　個人による音響的な多様性：

　　まずは，人間の発声機構には大きな個人差があり，認識システムの立場から見れば認識対象の**音響的特徴**が変化してしまうのです。人によって話し方は千差万別で，ひとりひとり顔や性格が違うのと同様に，個人によって音響的な特徴が異なります。

　　また，同じ言語であっても地域による言語的な特徴が発声の仕方に影響を与える場合もあり，**音素**の特徴が正確に捉えきれない場合が発生します。さらに，発話のスタイルは，ときと場合によって異なります。例えば，大勢の聴衆を前に自分の主張を述べるような講演場面では，ひとつひとつの言葉を（ほぼ無意識に）明瞭に話しますが，友達との気軽な会話場面では，使用する語彙も，発話の区切り方もスピードも，講演場面とは違ってきます。このように，個人の音響的な特徴はそのときどきによって多様に変化しますが，それらのすべてに対応できるような音響モデルや辞書の構築はほぼ困難であるということが，その難しさの要因です（**図11.8**）。

図11.8　個人や地域性による音響的な多様性がある

図11.9　フィラーや助詞欠落などの言語的な多様性がある

(2) 発話内容の言語的な多様性：

　われわれは，日ごろ，誰かと会話をする場合，あらかじめ清書した文書を読むといった方法で発話を行う人はいません。発話しながら相手の反応を伺い，話の展開を考えながらつぎの話題を考え，さらに話を進めるといったことを行います。このような場合，発話と発話の間に空白時間が発生することがあります。そのような場合，われわれは「えーと」，「あのー」，「そのー」など特に意味のない発話を挟みます。

　これは**フィラー**と呼ばれており，会話場面では頻繁に見られる行為です。また，日常会話において，例えば「私，それ，やっておきます。」といったように，「は」，「が」，「を」などの**助詞が欠落**することが頻繁に発生します。音声認識システムが正しい日本語文法の辞書だけをもっていても，このような状況には対応できず，どの音素が単語を構成するのか特定することは困難でしょう。したがって，時代とともに変化する言語的な多様性に対応する辞書を，つねに更新していく必要があります（**図 11.9**）。

(3) 収音の環境：

　例えば，会議などの議事録を任された場合に，会議の様子を録音しておき，会議終了後に録音内容を聴いてみると，会議中には気づかなかった空調の音や，室外から侵入してくる騒音に改めて気づくことがあります。

　本書の5章で説明したとおり，われわれの体は非常に巧妙にできていて，例えば，自分の目の前にいる話し相手が発する音声のような「聴きたい音」だけがはっきりと聴こえており，不要と思う音は聞こえていないのです。「注意」という認知的リソースを振り向けた対象が発する音はよく聴こえますが，そうでない音は聴こえません。しかし，機械にはそのような高度な能力は備わっていません。われわれが無意識にカットしているさまざまな騒音に加え，収音する空間の音環境によって，反射波の成分や伝搬時間が異なります。このようなさまざまな要素が音声区間の識別を難しくしたり，小さな音量での発話が騒音によりマスクされたりするため，信号レベルの処理が難しくなります。

11.4.3 音響分析と言語分析

音声合成技術と同様に，音声認識技術においても，音響処理だけでは人間の
発話内容をテキストに変換することはできません。音声認識で必要な処理は，
大きく分けると**音響処理**と**言語処理**に分類できます。音響処理で重要な役割を
果たすのが**音響モデル**であり，言語処理で重要な役割を果たすのが**言語モデル**
です。例えば，**図11.10**に示すように，コンピュータのマイクから「おんせい
にんしき」と音声で入力したとしましょう。コンピュータから見れば，入力さ
れたのは言葉ではなく単なる音声波形です。

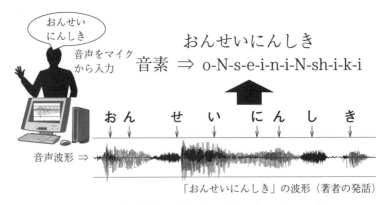

図11.10　音声認識で必要な処理は音響処理と言語処理

　はじめに，この（ノイズも含んだ）音声波形から，どの部分が**音声区間なの
かを検出**する必要があります。音声部分が特定できた後，今度は音声波形のど
の部分がテキストのどこに該当するのかを特定する必要があります。つまり，
音声波形を1文字ずつ切り取って波形の特徴を抽出し，その特徴に当てはまる
音素を探していかなければなりません。図11.10に示すとおり，「おんせいにん
しき」の音素は「o-N-s-e-i-n-i-N-sh-i-k-i」です。これらについ
て，データベースに蓄えてある音声波形と比較して特徴が一致する語を当ては
めます。ここまでの一連の処理では，主に**音響分析**が主要な役割を果たします。
　最終的に，漢字かな混じり文を出力するためには，各音素がどのような語を
構成するのかを特定する必要があります。各音素のつながりを調べ，最も可能

性の高そうな語を当てはめていく処理です。「おんせいにんしき」は，「おんせい－にんしき」かもしれませんが，「おんせ－いにん－しき」かもしれないし，「おん－せいにん－しき」かもしれません。つまり，**言語分析**では，連続する音素のパターンにはどのような単語が当てはまりそうか複数の単語候補やフレーズなど選出し，語のつながりやすさの確率データに照らして認識対象とマッチングさせ，その確からしさを計算する必要があります（**図11.11**）。このように，音響処理後に行わなければならない一連の処理では，言語分析が主要な役割を果たします。

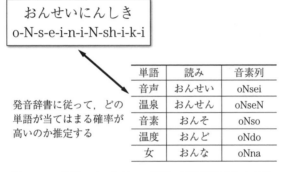

単語	読み	音素列
音声	おんせい	oNsei
温泉	おんせん	oNseN
音素	おんそ	oNso
温度	おんど	oNdo
女	おんな	oNna

発音辞書に従って，どの単語が当てはまる確率が高いのか推定する

図11.11　言語モデルを用いて単語の接続関係を推定する

11.5　音声認識の基本的な枠組み

11.5.1　音声認識処理の流れ

前節において，音声認識では音響処理と言語処理の両方が必要であることを述べました。本節では，この2種類の処理について，音声認識の流れに沿って説明したいと思います。

図11.12は，音声認識の処理の枠組みと全体の流れを示しています。音声認識の処理は，つぎに示すように進んでいきます。

① 音声入力：　最初にコンピュータのマイクから音声が入力されます。この入力音声には，人の声（発話）とともに，周囲のノイズや反射音

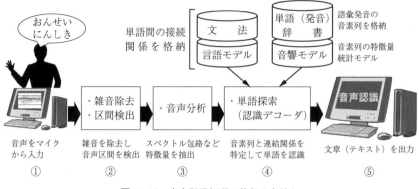

図 11.12 音声認識処理の枠組みと流れ

の成分が音声とともに混在しています。

② 雑音除去と音声区間検出：　この「音声＋ノイズ」という入力波形から極力雑音成分を取り除き，音声区間の検出を行います。音声認識の精度を高めるには，まずは音声区間の検出を確実に行うことが必要です。

③ 音声分析：　ここでの処理は，入力された音声波形からスペクトル包絡線などの特徴量を抽出することです。信号処理を用いてひずみの補正も行います。

④ 単語探索（認識デコーダ）：　この段階において音声認識の中心的処理を行います。音声分析で得た特徴量がどの音素と近いのか，音響モデルを用いて計算します。また，言語モデルを用いて単語の出現率を計算し，単語のつながりを予測して文を組み立てていきます。

⑤ テキスト出力：　マイクから入力された音声を漢字かな混じりの文章（テキスト）として出力します。

11.5.2　ノイズを減らして音声区間を検出する

音声と雑音が混合された音声信号から，音声が存在する区間とそれ以外の区間を判別します。雑音が含まれた音声信号から，音声区間のみを正しく検出する処理は決して容易ではなく，しかもここで発生する誤りは認識率の低下に結

び付くことが多いため，音声区間の検出は重要な課題です。これは**音声区間検出**（voice activity detection，**VAD**）と呼ばれており，さまざまな音声処理の基盤技術として重要な位置を占めています（**図 11.13**）。

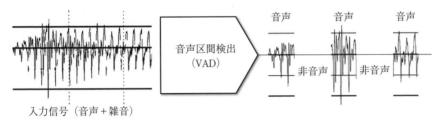

入力信号（音声＋雑音）

図 11.13　音声区間検出（VAD）

　この技術は，一言でいえば，音声とそれ以外の信号が含まれる観測信号の中から，音声信号が含まれる区間（音声区間）とそれ以外の区間（非音声区間）を判別する技術です。一般に VAD は，**音響特徴抽出器**と**音声/非音声識別器**から構成されます。音響特徴抽出器では，観測信号を 10～30 ms 程度の時間長をもつフレームに分割し，音声信号の音響的な特徴を抽出します。さらに，音声/非音声識別器において，音響特徴抽出器から得られた音響特徴に基づいて，観測信号中に音声信号があるかないかをフレーム単位で判定します。しかし，せき払いや紙をめくる音，「えー」，「あー」といったフィラーなどを認識対象語彙と区別するのは非常に難しい課題です。この課題を解決するには，例えば**ワードスポッティング**（word spotting），すなわち，あらかじめ定めた言葉だけを自動的に抽出し，他を無視する方法などを用います。

11.5.3　音 声 分 析

　音声分析は，音声波形から**スペクトル包絡線**などの特徴量を抽出する処理です。入力された音声波形における強弱や周波数，音と音の間隔，時系列などの特徴量を抽出します。ここで得られた特徴量データは，つぎの段階である音響モデルに渡されます。

11.5.4 音響モデル

音響モデルは，音素を単位とする特徴量（パターン）の統計モデルです。入力された音声信号（波形）を，音響モデルに基づいて**マッチング（照合）**を行い**音素の推定**を行います。例えば，「おんせい」と「おんな」では，はじまり部分は同じ「oN」ですが，その後に「せい」か「な」かによって音素「N」のイントネーションは違います。このように，一つの音素であってもその前後にどのような語が来るかによって，音素の特徴は変わります。したがって，音響モデルでは，音素の周波数成分やその時間変化などを考慮しなければなりません（**図11.14**）。

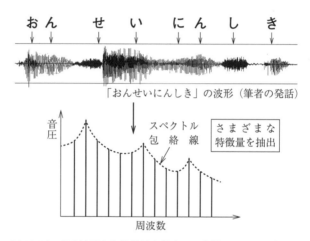

図11.14 音声波形から特徴量を抽出して音響モデルに引き継ぐ

音素と単語の中間形態として，子音（consonant）－母音（vowel）を結合する**CV型**や母音－子音－母音を結合する**VCV型**，あるいは半音節を用いる方法が検討されています。日本語では，母音と子音が交互に出現し，CVのまとまりが仮名に対応するので，CVやVCVの音節を単位とする方法が有利と考えられています。音響モデルは，平均的な発音データに基づいて構築された音声の**単語辞書**ですが，隣接音素の組合せパターンについては隠れマルコフという確率モデルが多く用いられています。単語辞書は，認識の対象となる語が**音素表**

記された発音を保持しています。入力される音声は一連のかたまりを形成するため，単語辞書で保持する発音は，単語の発音としてあり得る音素列として保持されています。

11.5.5 言 語 モ デ ル

言語モデルとは，単語とその並び方，つまり**単語間の接続関係**を集めたデータです。単語間の相互関係を調べ，最も隣接する可能性が高い単語列を文章として組み立てていきます。数百万オーダーの**語彙データベース**（辞書）を構築し，そのデータベースから**単語の連鎖確率**を算出します。

言語モデルでは，単語のつながりの強度を，確率を使って表現します。一つの単語が認識できれば，つぎに出現しそうな単語候補を確率的（重み付け）に予想することが可能となります。例えば，**図11.15**では「インターネット−の−」という二つの単語が並んでいた場合，三つ目に接続される単語の確率は，「速度」，「料金」，「プラン」ですが，この中でも特に「プラン」の確率が 0.6 で最も高いので，この文節は「インターネット−の−プラン」であることが予想できます。このように単語間の接続関係を数理表現するモデルとして，N-gram が多く用いられています。

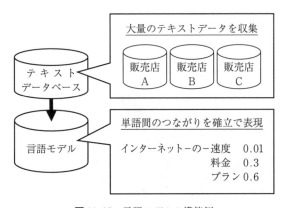

図11.15 言語モデルの構築例

12

音響・音声処理技術はどう活用されているのか？

12.1 楽器の美しい音はこんな仕組みで鳴っている

12.1.1 管楽器：フルート

管楽器とは，管の中の空気の振動によって音を出す楽器の総称です。管楽器には，大きく分けて**金管楽器**と**木管楽器**の２種類があります。金管楽器は，唇を振るわせて音を出します。金管楽器は，例えばトランペットやホルンのように，演奏者が自らの**唇の振動**で空気を振動させ，その振動が管の中で共鳴することで音を出す楽器です。木管楽器は，例えばサックス（サクソフォン）のように吹き込んだ息で**リード**（**音源となる薄片**）を振動させる楽器と，例えばフルートのように息で**空気の乱流**を発生させる楽器があります。フルートは，長さ約 65 センチ，重さは約 400～500 グラムの木管楽器で，リードを使わないのでエアリード（無簧）式の横笛ともいわれています（**図 12.1**）。フルートのよ

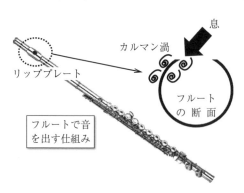

息

カルマン渦

リッププレート

フルートの断面

フルートで音を出す仕組み

図 12.1 フルートで音を出す仕組み（エアリード）

うに，リードを用いない木管楽器で音を発生する仕組みには，本書3章で説明したカルマン渦が関わっています。

　強い風が障害物にぶつかると，空気の流れが障害物によって二つの流れに引きちぎられ，障害物の後方にカルマン渦が発生します。フルートや尺八などの楽器でも，これと同じ原理でカルマン渦が発生し音が出ているのです。演奏者は，フルートのリッププレートから息を吹き入れますが，このときリッププレートの淵では息による空気の流れが当たり，その流れがフルートの内側と外側の二つに分かれます。この二つに分かれた気流がカルマン渦をつくって空気の振動を引き起こし，管の中で共鳴して音が出ます。したがってフルートの演奏では，カルマン渦がしっかりと形成されるよう，唇をリッププレートにピッタリと当てなければよい音が出ません。

12.1.2　弦楽器：バイオリン

　バイオリンは，全長は約 60 cm で胴部の長さはおよそ 35 cm，重量は約 500 g の**弦楽器**です。E 線（ミ），A 線（ラ），D 線（レ），G 線（ソ）の4本の弦が張られています。バイオリンは，これらの**弦を弓で擦る**ことによって**弦が振動**して音を出します。バイオリンの弓では，馬のしっぽの毛が 160〜180 本くらい使われています。弓毛（ゆみげ）には松脂（まつやに）が塗られており，バイオリンの弦としっかりと擦れるようになっています。これは，ガラス表面を指で擦ったときに音が出る現象と同じです。つまり，ガラス表面が汚れていたり石鹸が塗られた状態ではいくら指で擦っても音は出ません。指の皮膚がガラス表面でしっかりと擦れて振動することが必要なのです。バイオリンの弦と弓毛の関係も，指とガラスの関係と同じです。バイオリンの弦と弓毛がよく擦れるようにするのが，松脂の役割です。弓毛に松脂が塗られていることは，弦と弓毛の間の摩擦力を発生させるための必須条件，つまりバイオリンがよい音を出すための必須条件なのです。

　バイオリンの弦はナットと駒の間で張られており，各弦のピッチはこの間の長さで決まります。バイオリンは，弦の振動だけで音を発しているわけではな

く，バイオリンの筐体全体で音を発しています。弦で起きた振動は最初に駒に
伝わり，駒の振動は表板に伝わります。表板の裏側（バイオリン筐体の内部）
にはバスバーという細長い木の板が貼り付けられています。このバスバーは，
駒の付け根から表板に伝わった振動を表板全体に拡散させる役割，および表板
の強度を増す役割を果たしています。駒の直下のバイオリン筐体内部には，表
板と裏板の間に立っている魂柱（こんちゅう）があります。魂柱には，表板の
振動を裏板に伝達する役割があります。このように，バイオリンでは弦で発生
した振動がバイオリンの筐体全体に拡散し，筐体内で共鳴して四方八方に音が
拡散されるように設計されています（**図 12.2**）。

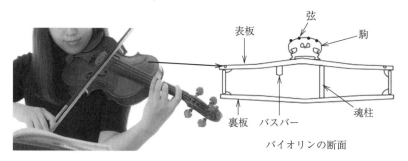

図 12.2　バイオリンの仕組み

12.1.3　打楽器：ピアノ

ピアノは，ハンマが**弦をたたく**ことで音を発生するため，**打楽器**と位置づけ
られています。もう一つの側面として，ピアノは鍵盤の操作によって音を発す
るため，**鍵盤楽器**でもあります。ピアノでは，演奏者が鍵盤を押すことで，そ
の奥でつながっているハンマが下から上（グランドピアノの場合）に上昇して
弦を打ちます。

　しかし，弦の振動だけでは大きな音は出せず，小さな音でしかありません。
弦の振動を増幅するのが弦の下に設置されている響板です（**図 12.3**）。弦の奥
側の端は駒で支えられており，この駒が響板の上に載っています。弦の振動が
駒を介して響板に伝わり，響板が振動することで大きな音が鳴ります。エゾマ

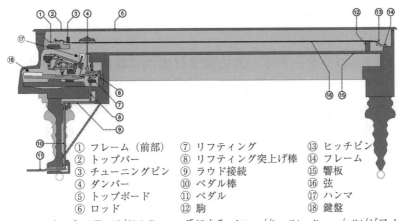

① フレーム（前部）	⑦ リフティング	⑬ ヒッチピン
② トップバー	⑧ リフティング突上げ棒	⑭ フレーム
③ チューニングピン	⑨ ラウド接続	⑮ 響板
④ ダンパー	⑩ ペダル棒	⑯ 弦
⑤ トップボード	⑪ ペダル	⑰ ハンマ
⑥ ロッド	⑫ 駒	⑱ 鍵盤

ウィキペディア/Olek Remesz 氏による　https://ja.wikipedia.org/wiki/ピアノ

図 12.3　ピアノの仕組み（グランドピアノの断面図）

ツ製の響板は，鋼鉄製のピアノ弦が発する金属的な原音の低い周波数成分を増幅し高い周波数成分をカット（吸収）することで，ピアノ独特の美しく豊かな響きを与えてくれます。ピアノのルーツはチェンバロですが，チェンバロは弦を爪で弾く構造になっていたため，コンサートなどで大きな音量が出せませんでした。そこで，1700 年ごろのイタリアにおいて，弦を弾くのではなくハンマでたたくことによって大きな音を出す仕組みが発明されました。これがピアノの原型で，小さな音から大きな音まで出せることから「フォルテピアノ」と呼ばれていました。現代の標準的ピアノでは 88 個の鍵盤があり，鍵盤の一つ一つに弦が張られています。ピアノにおいて，各音の弦の数は 1 本ではありません。弦の数は音高によって異なり，最低音域では 1 本，低音域では 2 本，中音域以上では 3 本というように，**一つの音に複数本の弦**が張られています。一つの音を複数本の弦で鳴らすことによって，弦の振動のばらつきを誘発し，音の余韻や響きの豊かさを演出しています。ピアノの調律師は，このような弦による音のばらつきも含めて最も豊かな響きになるよう調律を行っています。ピアノの弦 1 本当りの張力は約 70～80 kg で，ピアノ 1 台当りの弦の総数は 230 本前後ですので，すべての弦の張力を合計すると 20 トンにも及びます。弦を支えるフレームは，このような大きな張力に耐えられるよう鋳物（金属を溶か

して型に流し込む製法）でつくられます。

12.2 コンサートホールの響きは室内音響技術で設計する

　われわれが，**コンサートホール**で音楽を楽しむとき，楽器の音が直接耳に届く「**直接音**」だけを聴いているわけではありません。壁や天井や床などに反射してから少し遅れて耳に到達する「**反射音**」も一緒に聴いています。コンサートホール内では，音は反射を繰り返しながらさまざまな経路をたどり，その経路に応じた時間遅れで耳に到達します。コンサート専用に設計されたホールで聴く演奏は，そういった反射音が豊かで潤いのある音を生み出しています（**図12.4**）。

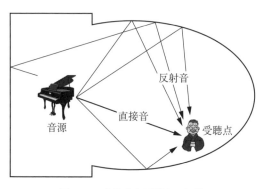

図 12.4 直接音と反射音の伝搬

　図のようにホールでの音の伝搬を考えると，音源から発せられた音は，まずは音源から耳へ直接到達します。つぎに，壁に反射した音が耳に到達し，その後，もう少し長い反射経路を経た反射音が到達します。このように，直接音の直後に到達する反射音は「**初期反射音**」と呼ばれますが，これは反射回数も少なく（たいてい1回），比較的エネルギーも大きいという特徴があります。室内での反射は一度だけでなく複数回繰り返しますが，直接波が到達してから少し時間がたつと，耳に到着する反射波のエネルギーは小さくなります。しかし時間の経過とともにさまざまな方向からの反射波が到達するため，反射波の数

は増加し反射波間の時間差も短くなってきます。このように，多重化された反射波がつくり出す音が**残響音**です。

12.2.1 室内音響：音線法

コンサートホールを構築する上では，ホールの設計段階でその音響特性を予測することが必要です。ホールの音響特性を予測する方法は，理論計算による方法と実験による方法に大別されます。コンピュータで行う理論計算は，シミュレーション用のモデルがあれば数値計算が可能なので，低コストで音響特性を予測することが可能です。しかし，計算の精度を上げようとすればするほど計算量が増え，現実的な計算量の範囲を超えてしまいます。一方，模型実験の場合には，適切に模型をつくれば実物に近い近似結果が得られますが，模型を製作するための高いコストが必要となります。この節では，コンピュータシミュレーションで多く用いられている幾何音響の音線法について概説します。

ホールの響きは，室内の反射音や残響音の特性によって大きな影響を受けますので，結局，響きのよいホールをデザインすることは室内の反射や残響を設計することに他なりません。室内の反射や残響をどのように設計すれば望むような音質が得られるか，そのデザイン条件を導き出すのが**室内音響**です。室内音響で音響特性を予測する計算方法には，幾何音響理論，統計音響理論，波動音響理論がありますが，ここでは比較的簡便で広く用いられている幾何音響理論の中の**音線法**について述べます。音線法では，音の粒のような仮想的な粒子を想定し，この粒子を音源の位置から放射してその軌跡を追跡する手法です。つまり，音源から放射された音の粒を，ビリヤードの球の軌跡のように表します。音源から放出された音は，室内の壁で反射するたびに強さが弱まっていき，最終的にはすべての音波が吸収されて消滅します。これと同じように，音の球も障害物に当たるたびにその表面での反射を繰り返して速度は徐々に落ちていきます。この音の球の軌跡を，直線で表現しています（**図12.5**）。

音源から放出された音の球が室内のさまざまな場所で反射し，室内に広がっていきます。各音の球の軌跡を音の線，つまり「音線」として表していきま

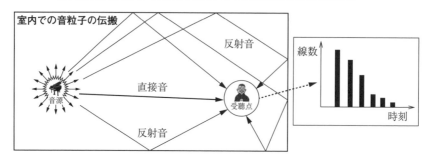

図 12.5 音線法による音響特性のシミュレーション

す。受聴点では有限の大きさをもつ**受聴領域**を仮定し，この受聴領域を音線が通過すれば受聴点で音が聴こえたと判断します。受聴領域を通過した音線の数を一定の時間間隔でサンプリングしてヒストグラムを作成することで，受聴点における等価的な受聴量を求めることができます。音波は，音源からあらゆる方向に音が放射されるので，等間隔の角度方向に多数の音線を出してその軌跡をたどることで，拡散する様子が可視化されます。コンピュータでシミュレーションを行う場合，一般的には数万本〜数百万本の音線を使用します。

12.2.2 残　響　時　間

室内で，音がどのくらい響くのか，その残響の程度を測るモノサシが残響時間です。残響時間は室内に満たされた音波が減衰するまでの時間で，音源が発音を止めてから音圧レベルが **60 dB 減衰するまでの時間**と定義されています。これを音のエネルギーで表現すると，エネルギー量が 100 万分の 1 になるまでの時間です。音圧レベルが 60 dB 減衰すると，音はほとんど聴こえません。標準的な残響時間は，普通の小さな部屋で 0.1〜0.5 秒，コンサートホールで 1.0〜2.0 秒です。直接音に初期反射音が重なった場合，遅延時間が短ければ音の厚みとして感じられますが，遅延時間が長すぎると音が聴きにくくなってしまいます。遅延時間の限界値は 50〜80 ms の範囲にあり，室内の音響品質を決める重要なパラメータです。**表 12.1** には，国内の代表的なコンサートホールの残響時間を示しています。サントリーホールや横浜みなとみらい大ホール

表 12.1　国内代表的ホールの残響時間

ホ ー ル 名	残響時間〔秒〕
サントリーホール	2.1
東京芸術劇場	2.1
横浜みなとみらい大ホール	2.1
すみだトリフォニーホール	2.0
ミューザ川崎コンサートホール	2.0
東京オペラシティホール	1.96
紀尾井ホール	1.8
東京芸術大学奏楽堂	1.6〜2.4
NHK ホール	1.6
イイノホール	1.5

は長めの残響時間であることがわかります。

12.3　超音波技術は広い分野で応用されている

12.3.1　超音波の特徴

超音波とは，人間が耳で聴くことができる音の周波数の上限である 20 kHz を超える周波数の音波を指します。超音波はさまざまな分野で応用されていますが，その特徴は三つあります。

(1)　**波動を伝達する媒質が多様**：

　　電波や光は高周波数の振動で，さまざまに応用されていますが，効率的に伝搬できる媒質は気体です。一方，超音波は固体中でも伝搬するため，媒質に多様性があります。特に，海中では電波や光と比べて超音波には波動伝搬上の大きなメリットがあります。

(2)　**波長が短い**：

　　超音波は可聴帯域の音波よりも周波数が高いので，波長が短いという特徴があります。例えば，100 kHz の超音波の空気中での波長は 3.4 mm，海中では 1.5 cm で，電波でいえばマイクロ波から光の領域に近い波長です。

波長が短いので直進性が高く，幾何学的な取扱いが可能です。また，方向分解能および距離分解能を高くできるメリットもあります。超音波は周波数が高くエネルギーが大きいため，小さな振幅でも大きな応力が得られることもメリットの一つです。

(3) **大きな圧力が得られる**：

　超音波は周波数が高く大きなエネルギーを発生できるので，1気圧程度の圧力差を容易に発生させることができます。さらに強力な超音波を発生させることで，媒質が引きちぎられて空洞が発生する**キャビテーション**を起こすことができます。このキャビテーションは破壊力が強く，さまざまな材料の加工や切断などに使われています。

　このような超音波の利用方法として，超音波のパワー的な側面（高いエネルギーをもつ性質）を応用する場合と，超音波の情報的な側面（波動の伝搬性がもつ性質）を応用する場合とがあります。

12.3.2　超音波を応用する機器

　超音波のパワー的な側面（高いエネルギーをもつ性質）の応用では，超音波洗浄や超音波加工装置などがあります。超音波洗浄機では，超音波のキャビテーション現象を利用して洗浄効果を得ています（**図12.6**）。20〜100 kHz の強力な超音波を液体中に照射すると，液体に振動が伝わって液体自体が激しく揺さぶられます。つまり超音波によって，液体分子は激しく圧縮され，その直

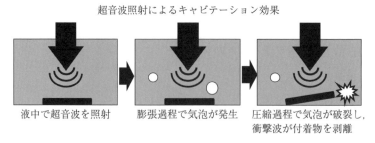

超音波照射によるキャビテーション効果

液中で超音波を照射　　膨張過程で気泡が発生　　圧縮過程で気泡が破裂し，
　　　　　　　　　　　　　　　　　　　　　　　衝撃波が付着物を剥離

図12.6　超音波洗浄の仕組み

後に激しく膨張させられます。このような高圧振動の中で，激しい膨張によって液体が沸騰し気泡が発生しますが，つぎの瞬間には，気泡が激しく圧縮されて周りの液体の圧力が限界（気泡内の飽和蒸気圧）を超えると気泡は一気に消滅します。この気泡が押しつぶされて消滅するとき，衝撃波が発生して大きな圧力を生じます。これが「**キャビテーション現象**」です。また，このように，気泡が消滅するときの衝撃波が周辺の固体表面に作用して異物を剥離させる作用を，「**キャビテーション効果**」といいます。

　一方，超音波の情報的な側面（波動の伝搬性がもつ性質）としては，魚群探知機や超音波診断装置などでの利用があります。超音波診断装置は，対象物に超音波を当ててその**反射波（エコー）**を画像化し，体内の形を調べる装置です（**図 12.7**）。超音波検査は"**エコー検査**"とも呼ばれています。超音波を検査で用いる場合，液体を媒体として固体物質へ超音波を伝搬させ，内部で起こる反射波を計測します。超音波は，伝搬とともに徐々に減衰しますが，固体内部で音響インピーダンスが変化する境界面において，音波の一部が反射します。この反射波を計測して画像化することで，固体内部の物体の形を捉えることができます。反射波を画像化する場合，まず特定の位置で細く絞った超音波を対象物に当て，反射してきた超音波の強度を測定します。このときの反射波の強度を輝度に対応させ，画像表示していくことでエコー画像を作成していきます。

　超音波の性質として，周波数の低い超音波では，深いところまで音波が伝搬し反射波が返ってくる一方，分解能が十分ではなく細かいことがわかりませ

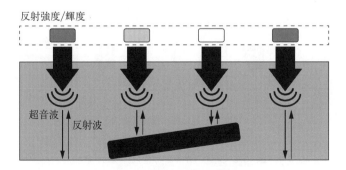

図 12.7　超音波診断の仕組み

ん。逆に周波数の高い超音波では，分解能はよいのですが音波が深いところまで届きません。そのため，検査対象や目的に合わせて適切に周波数を選択することが必要です。

12.4　ノイズだけを取り除いてくれるヘッドホン

通勤・通学電車の中で，ヘッドホンを介して音楽を聴いている光景をよく目にします。実際，電車内でヘッドホンを着用して音楽を鳴らすと，移動途中に楽曲を聴くことができます。しかし，楽曲の音と同時に電車の騒音も聴こえてきますので，つい楽曲のボリュームを上げてしまいがちです。飛行機の中はさらに騒音が大きく，ヘッドホンで音楽を聴いていてもつねに「ゴー」という大きな音が聴こえてきます。**ノイズキャンセリングヘッドホン**は，このような背景の騒音を低減（キャンセル）してくれる便利なヘッドホンです。ノイズキャンセリングの仕組みは，音が波であることを利用したシンプルな発想であり，しかも大きな効果が得られるのが特徴です。

3章で説明したとおり，音は波であり重ね合わせの原理が適用できます。**図 12.8**において原信号の振幅を A とするとき，この原信号とは逆位相つまり振幅が $-A$ である信号を加えると，波の重ね合わせの原理により合成波の振幅

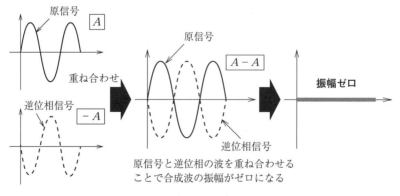

図 12.8　ノイズキャンセリングの仕組み

はゼロとなります。**図 12.9** は，ノイズキャンセリングヘッドホンの動作を概略的に示しています。ユーザは，ヘッドホンを介して楽曲音を聞いています。一方，ヘッドホンの周囲には騒音が満ちており，この騒音はヘッドホンを介さず（隙間などから）耳に直接入ってきます。この状態において，ユーザはヘッドホンから聴こえる楽曲の音とヘッドホンを介さずに侵入してくる騒音を重ね合わせた音を聴いています。騒音の音量が大きければ相対的に楽曲の音は小さくなり，騒音に埋もれて聴きにくくなります。

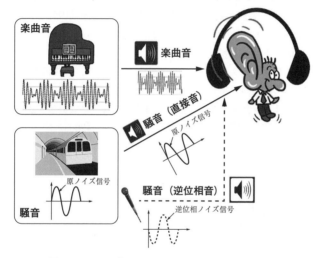

図 12.9　ノイズキャンセリングヘッドホンの動作

　ここでなにもしなければ，ユーザが聴いている音は「楽曲音」＋「騒音」という重ね合わせの音です。しかし，ユーザが聴きたい音は楽曲音のみですので，「楽曲音」＋「騒音」－「騒音」という重ね合わせ音が耳に入ってくれば音の成分として「楽曲音」のみが残ります。ノイズキャンセリングヘッドホンにはヘッドホン用のスピーカーの他に，外部の騒音を拾うマイクが付いています。ヘッドホンで音を再生しているときにマイクで拾った外部の騒音を，位相を反転させてヘッドホンから再生することで，騒音成分の振幅をゼロに近づけ，ノイズキャンセリングをすることができます。

引用・参考文献

1) リチャード・ドーキンス：利己的な遺伝子，紀伊國屋書店（2006）
2) ペーター・ヴォールレーベン：樹木たちの知られざる生活，早川書房（2017）
3) 耳の不自由な人たちが感じている朝起きてから夜寝るまでの不便さ調査：アンケート調査報告書，聴力障害者情報文化センター（1995）
4) Woodburn Heron：The Pathology of Boredom, Scientific American, Vol.196, issue1, pp.52-56（1957）
5) V.S. ラマチャンドラン ほか：数字に色を見る人たち 共感覚から脳を探る，日経サイエンス 2003 年 8 月号，pp.42-51（2003）
6) 安藤彰男 ほか：基礎音響学，日本音響学会 編，コロナ社（2019）
7) 小泉宣夫：基礎 音響・オーディオ学，コロナ社（2005）
8) 岩宮眞一郎：図解入門よくわかる最新音響の基本と仕組み［第 2 版］，秀和システム（2014）
9) A. ブライチャー：五感を超えた力，日経サイエンス「特集：越境する感覚」，2013 年 9 月号，p.36-43，日経サイエンス（2013）
10) 波多野誼余夫：音楽と認知，東京大学出版会（2007）
11) 仁科エミ：音楽・情報・脳，放送大学教育振興会（2017）
12) 目黒真二：現場で役立つ PA が基礎からわかる本，スタイルノート（2007）
13) 米村俊一 ほか：コンピュータ科学序説 —コンピュータは魔法の箱ではありません—そのからくり教えます—，コロナ社（2019）
14) 米田正明：電話はなぜつながるのか，日経 BP 社（2006）
15) 城水元次郎：電気通信物語，オーム社（2004）
16) 鈴木誠史：“音声情報処理”の研究，創世記から半世紀，日本音響学会誌，**73**, 2, pp.132-133（2017）

索　引

—— 著 者 略 歴 ——

1985 年　新潟大学大学院修士課程修了
1985 年　日本電信電話株式会社勤務
2008 年　博士（学術）（早稲田大学）
2012 年　芝浦工業大学教授
　　　　　現在に至る

「音」を理解するための教科書
—「音」は面白い：人と音とのインタラクションから見た音響・音声処理工学—
Understanding Sound: A Textbook of Human-Sound Interaction
© Shunichi Yonemura 2021

2021 年 2 月 26 日　初版第 1 刷発行　　　　　　　　　　　　★

検印省略

著　者　米　村　俊　一
発 行 者　株式会社　コ ロ ナ 社
　　　　　代 表 者　牛 来 真 也
印 刷 所　新 日 本 印 刷 株 式 会 社
製 本 所　有 限 会 社　愛 千 製 本 所

112-0011　東京都文京区千石 4-46-10
発 行 所　株式会社　コ ロ ナ 社
CORONA PUBLISHING CO., LTD.
Tokyo Japan
振替 00140-8-14844・電話 (03) 3941-3131 (代)
ホームページ　https://www.coronasha.co.jp

ISBN 978-4-339-00942-2　C3055　Printed in Japan　　　（金）

音響学講座

（各巻A5判）

■日本音響学会編

音響入門シリーズ

（各巻A5判，CD-ROM付）

■日本音響学会編

（注：Aは音響学にかかわる分野・事象解説の内容，Bは音響学的な方法にかかわる内容です）

定価は本体価格+税です。
定価は変更されることがありますのでご了承下さい。

‖‖‖‖‖‖‖‖‖‖‖‖‖‖‖ 図書目録進呈◆

音響サイエンスシリーズ

（各巻A5判，欠番は品切です）

■日本音響学会編

定価は本体価格＋税です。
定価は変更されることがありますのでご了承下さい。

図書目録進呈◆

音響テクノロジーシリーズ

（各巻A5判，欠番は品切です）

■日本音響学会編

以 下 続 刊

定価は本体価格+税です。
定価は変更されることがありますのでご了承下さい。

図書目録進呈◆

電気・電子系教科書シリーズ

(各巻A5判)

■編集委員長　高橋　寛
■幹　　　事　湯田幸八
■編集委員　江間　敏・竹下鉄夫・多田泰芳
　　　　　　中澤達夫・西山明彦

定価は本体価格＋税です。
定価は変更されることがありますのでご了承下さい。

図書目録進呈◆